江苏省酸雨变化特征及对农作物的影响评估

主　编：吴洪颜　张　佩

气象出版社
China Meteorological Press

内容简介

本书是一部介绍酸雨变化特征及其对农作物影响的最新研究成果的著作。内容主要涵盖近30年江苏省酸雨变化时空分布特征，酸雨的主要成分及气象成因，酸雨潜势预报方法，自然酸雨环境影响下冬小麦、油菜和大豆产量的损失评估和风险区划等指标体系和技术方法，酸雨胁迫对冬小麦、大豆和油菜生长、产量及品质的影响等。本书对进一步开展酸雨研究和业务服务具有借鉴作用，可为大气污染防治、生态环境保护、农业生产趋利避害的决策部署提供科学依据，也可为生态、环境、农业、林业、气象等学科领域的研究和教学提供参考。

图书在版编目（CIP）数据

江苏省酸雨变化特征及对农作物的影响评估 / 吴洪颜，张佩主编. -- 北京 : 气象出版社，2023.5
ISBN 978-7-5029-7961-4

Ⅰ. ①江… Ⅱ. ①吴… ②张… Ⅲ. ①酸雨－影响－农作物－研究－江苏 Ⅳ. ①X517②S161.6

中国国家版本馆CIP数据核字(2023)第070812号

江苏省酸雨变化特征及对农作物的影响评估

Jiangsu Sheng Suanyu Bianhua Tezheng Ji Dui Nongzuowu De Yingxiang Pinggu

---

出版发行：气象出版社
地　　址：北京市海淀区中关村南大街46号　　**邮政编码**：100081
电　　话：010-68407112(总编室)　010-68408042(发行部)
网　　址：http://www.qxcbs.com　　**E-mail**：qxcbs@cma.gov.cn
责任编辑：张　媛　　**终　　审**：张　斌
责任校对：张硕杰　　**责任技编**：赵相宁
封面设计：艺点设计
印　　刷：北京建宏印刷有限公司
开　　本：787 mm×1092 mm　1/16　　**印　　张**：6.75
字　　数：173千字
版　　次：2023年5月第1版　　**印　　次**：2023年5月第1次印刷
定　　价：50.00元

编　委　会

主　　编:吴洪颜　张　佩

副 主 编:江海东　王啸华　周　琴　刘　梅

编写人员:曹春信　张雪蓉　张国正　单　龙

严文莲　李　杨　王　磊　沈　阳

徐菲菲　徐　赫　刘丽欣　卞雅姣

黄　洁　蒋义芳　陈圣劼　顾荣直

禹粱玉　金小霞　陈　蔚　周　鹏

序

酸雨是当今全球性环境问题之一。20 世纪 80 年代以来，中国经济快速发展，煤炭、石油等化石燃料消耗迅速增长，向大气环境排放的酸性物质大幅增加，90 年代中期，酸雨已发展到长江以南、青藏高原以东及四川盆地的广大地区，以南京、上海、杭州、福州和厦门为代表的华东沿海地区成了我国主要的酸雨地区，长江以南地区成为继欧洲和北美之后世界第三大酸雨区。酸雨问题给我国经济建设和人民生产生活造成了严重影响，开展酸雨研究对我国坚持以人民为中心的发展思想，推进生态文明建设、实现经济和社会可持续发展具有重大意义。国内外许多学者先后开展酸雨分布特征、化学组分、形成机理的研究，分析酸雨对森林、植物、土壤、土壤微生物和水生生物的危害，并通过试验，探究酸雨对蔬菜、农作物等可见伤害以及种子萌发、光合与呼吸、物质代谢等方面的影响，取得了一系列重要研究进展。但由于酸雨的形成涉及复杂的大气化学和物理过程，其强弱不仅与距离污染源远近、土壤、地形等因素有关，还受大尺度环流系统、中尺度天气过程等多种天气背景影响，不同的气象条件对酸性颗粒物的垂直扩散和水平输送的作用也不尽相同，酸雨的影响因子和形成机理十分复杂，既具有区域性特征，也具有局地性特点。因此，进一步研究酸雨的时空变化特点，解析其气象成因，开展酸雨影响评估十分重要。

加强生态环境保护、坚决打好污染防治攻坚战是党和国家的重大决策部署，地方各级党委政府高度重视，狠抓落实，各级气象部门积极响应，主动作为。江苏省气象局将酸雨的监测评估工作纳入气象现代化建设项目、作为服务地方生态文明建设的重要内容，1992 年按照中国气象局要求建成南京、常州、徐州、淮安 4 个国家级酸雨监测站，2006—2007 年在全国率先加密布设射阳、赣榆、邳州、沭阳、镇江、东山、昆山等 20 个省级酸雨监测站，在覆盖全省的酸雨监测网基础上，建立江苏省酸雨监测业务，编制酸雨监测月报、年度评估报告，分析酸雨的时空变化，开展酸雨对农作物的影响评估研究。同时，注重科技创新，先后依托国家自然科学基金项目、中国气象局研究型业务项目、江苏省社会发展研究项目等，培养了一支稳定的科研团队，在江苏酸雨发生时空分布特征、气象成因、潜势预报以及对农作物产量品质的影响等方面取得了一系列研究成果。并于2011年开始编制酸雨监测评估年度报告，报送江苏省委、省政府和相关部门，为全省开展大气污染防治、生态环境保护、农业生产趋利避害的决策部署提供了科学依据。

围绕酸雨的发生规律、气象成因、预报方法和评估技术应用，江苏省气象局研究团队联合南京农业大学有关专家在总结和凝练多年科研成果和业务经验的基础上，组织编写了本书。本书通过系统分析江苏省酸雨发生的天气学特征，揭示其气象成因，提出了酸雨潜势预报方法；采用统计方法，厘清了冬小麦、大豆、油菜等农作物在酸雨影响下的敏感生长时段，将定量与定性相结合，构建产量损失评估模型，开展酸雨对作物产量影响的定量化评估；并且通过酸雨胁迫试验，针对不同酸雨强度和不同影响时段，研究南京地区小麦、油菜和大豆生长、产量和品质对酸雨胁迫的响应。所用技术方法和取得的研究成果指导性和实用性颇强，对相关部门和地区进一步开展酸雨研究和业务服务具有示范意义，对促进生态文明建设、环境保护和农业发展具有重要参考价值。

濮梅娟*

2022年10月

---

* 江苏省气象局一级巡视员，博士，正研级高工。

前言

酸雨是指 pH 低于 5.6 的酸性大气降水，包括酸性雨、雪、雾、露等沉降。酸雨不仅危害自然生态系统，而且影响人体健康，已成为当今严重威胁世界环境的十大问题之一，酸雨的影响区域也由原先只发生在欧洲和北美的工业发达国家，迅速扩大到发展中国家。中国也继北美、欧洲之后成为世界第三大酸雨区。

20 世纪 90 年代中期，我国酸雨主要分布在长江以南、青藏高原以东及四川盆地的广大地区，以南京、上海、杭州、福州和厦门为代表的华东沿海地区成了我国主要的酸雨影响区域。江苏一度成为全国唯一的“酸雨和二氧化硫双控区”。2000 年以来，江苏省各级政府采取一系列防控措施，调整产业结构，加强环境监管力度，酸雨和二氧化硫污染得到了有效控制，酸雨的影响区域缩小、酸雨出现的频率下降、酸雨的强度明显减弱。目前，酸雨在江苏的影响区域主要位于南京、扬州、南通、镇江、常州、无锡、苏州及泰州等沿江和苏南地区。

气象部门紧密结合地方需求，主动融入江苏生态文明建设，助力大气污染防治攻坚战，着力推进气象现代化建设，酸雨监测评估能力不断提升。截至 2022 年 7 月，全省气象部门共建成酸雨监测站点 24 个。其中，南京、常州、徐州、淮安 4 个气象站酸雨监测始于 1992 年 1 月，赣榆、射阳站始于 2006 年 7 月，邳州、沭阳、镇江、东山、昆山等 17 站始于 2007 年 4 月，无锡站酸雨监测始于 2008 年 1 月。2006 年开始，作者在建立了江苏省酸雨监测、评估业务的同时，联合南京农业大学有关专家依托多个国家级、省部级、厅局级科研项目，历时 15 年，在酸雨发生的时空分布特征、气象成因、潜势预报以及对农作物生长、产量及品质影响等方面开展了系统研究，取得了一批新的科研成果。

本书凝聚了作者多年业务工作经验和科研成果之精华。全书共分 7 章。第 1 章介绍江苏酸雨发生时空分布特征；第 2 章分析出现连续酸雨的气象成因；第 3 章分析酸雨与 SO_2、NO_2、PM_{10} 及 $PM_{2.5}$ 的关系，提出江苏省酸雨潜势预报方法；第 4 章介绍基于信息扩散法开展酸雨的风险评估技术；第 5 章分别介绍不同强度和作物不同生育时段的模拟酸雨胁迫对冬小麦、大豆和油菜生长的影响；第6章分析酸雨胁迫下冬小麦、油菜和大豆产量结构和品质的变化；第7章介绍自然酸雨环境影响下冬小麦、油菜和大豆产量的损失评估方法。

本书能够顺利出版，离不开编写团队成员的辛勤劳动，更离不开江苏省气象局监测与网络处、科技与预报处、应急与减灾处、江苏省气象信息中心、江苏省气象台等部门和单位的领导、同事们给予的关心和帮助，在此一并表示诚挚的感谢。

由于编者水平有限，时间仓促，不妥之处，敬请读者批评指正。

作　者

2022年9月

目　　录

第 1 章　江苏省酸雨时空分布特征

20 世纪 90 年代以来，随着城市化进程和经济发展的加速，能源需求量大增，以煤为主的能源结构使得二氧化硫(SO_2)的排放量逐年增加，从而使江苏省成为我国较严重的酸雨污染区(刘健，1998)。2000 年以后，随着各级政府一系列防控措施的发布，二氧化硫污染虽然得到有效控制，但江苏省也一度成为全国唯一的“双控区(酸雨和二氧化硫)”省份，防控形势严峻，并引起了许多学者的关注(韩敏 等，2003；贺晓蕾 等，2005)。范元中(2005)、刘梅等(2008)发现淮河以南地区酸雨污染普遍重于淮河以北地区，自北向南有逐渐增加的趋势，区域差异明显。商兆堂(2009)根据徐州、淮安、南京、常州 4 个观测站共 14 年降水样本分析得出，污染物的排放随时间变化虽然具有一定的区域性集中特征，但主要以局部变化为主，且季节变化特征明显(朱宇芳 等，2004；吴洪颜 等，2008)。由于酸雨的形成涉及复杂的大气化学和物理过程，其强弱不仅与污染源远近有关，还受大尺度环流系统、中尺度天气过程等多种天气背景和土壤、地形等其他因素影响(石春娥 等，2010)。因此，结合江苏省特定的季风气候特点和地理环境分析得到，江苏省酸雨具有典型的区域分布差异和明显的季节变化。然而，由于以上研究受限于监测站点稀少、时间序列过短等原因，尚不足以反映江苏省酸性降水时空分布状况。因此，本章利用 1992—2021 年江苏省 24 个监测站的酸雨资料，研究江苏省酸雨时空分布特征，基于经验正交函数法(EOF)对数据分解，分别得出月降水 pH、大气降水电导率、酸雨量场的特征向量分布和时间系数序列(吴洪颜 等，2013)，较详细地解析了江苏省酸性降水的时空分布特征及发展趋势，研究结果可为各级政府制定或调整酸雨防控措施提供科学的决策依据，具有十分重要的意义。

1.1　江苏省降水 pH 及酸雨发生频率的时空分布特征

1.1.1　数据来源和方法

1.1.1.1　数据来源

截至 2022 年 6 月，江苏省气象局共有酸雨监测站 24 个，均位于气象观测场内。开展的常规酸雨观测项目有：降水量、pH、定时风向风速和大气降水电导率(K 值)。每个降水日作为一个降水 pH 分析样本，降水 $pH<4.5$ 定义为强酸雨，$4.5\leqslant pH<5.6$ 定义为弱酸雨，$pH\geqslant 5.6$ 时定义为非酸雨。其中徐州、淮安、南京、常州 4 站自 1992 年 1 月开始观测，射阳、赣榆 2 站自 2006 年 7 月开始观测，其余各站于 2007 年 4 月开始观测。本章所用酸雨资料为 24 个酸雨监测站的所有样本，来自江苏省气象信息中心；1∶25 万基础地理信息数据来自国家测绘地理信息局。

1.1.1.2　统计方法

根据《酸雨观测业务规范》(中国气象局，2005)，可采用降水体积加权平均来计算年、季、月降水 pH 和大气降水电导率（K 值）。月降水 pH，采用氢离子浓度$[H^+]$——降水量加权法，即将每次降水的 pH 换算成氢离子浓度后，乘上相应的降水量求其平均：

$$[H^+]_i = 10^{-pH_i} \tag{1.1}$$

$$\overline{[H^+]} = \frac{\sum [H^+]_i \times V_i}{\sum V_i} \tag{1.2}$$

$$\overline{pH} = -\lg \overline{[H^+]} \tag{1.3}$$

式中，pH_i 为每次降水的 pH，$\overline{pH}$为降水量加权的月平均 pH；$[H^+]_i$ 为由每次降水的 pH 计算得到的氢离子浓度，$\overline{[H^+]}$为降水量加权的月平均氢离子浓度，单位均为 mol/L；V_i 为每次降水的降水量，单位为 mm。

大气降水的导电能力反映大气降水的洁净程度，用电导率来度量，俗称为 K 值。其定义为通过电导测量池中待测溶液的电流密度（单位为 A/m^2）与施加其上的电场强度（单位为 V/m）之比。电导率的单位为西门子/米，用符号 S/m 表示，常用单位为微西门子/厘米，用符号 μS/cm 表示。

年降水 pH 的计算方法与上面相同。

1.1.2 结果分析

1.1.2.1 2008—2021 年酸雨时空分布

2008 年以来全省降水酸度明显减弱。分析 2008—2017 年全省年平均降水 pH（图 1.1a）发现，除邳州、泗洪 2 站降水 pH 高于 5.6 外，其他各站 pH 均低于 5.6。其中江淮之间南部和苏南大部分地区年降水 pH 较低，在 5.0 以下，其他地区在 5.0～5.6。对比 2008—2021 年全省年平均降水 pH 分布（图 1.1b）发现，pH<5.0 的范围明显缩小，pH≥5.6 的区域则有扩大（邳州、泗洪、淮安和阜宁）。可见，2017—2021 年全省范围内酸雨污染状况改善明显。

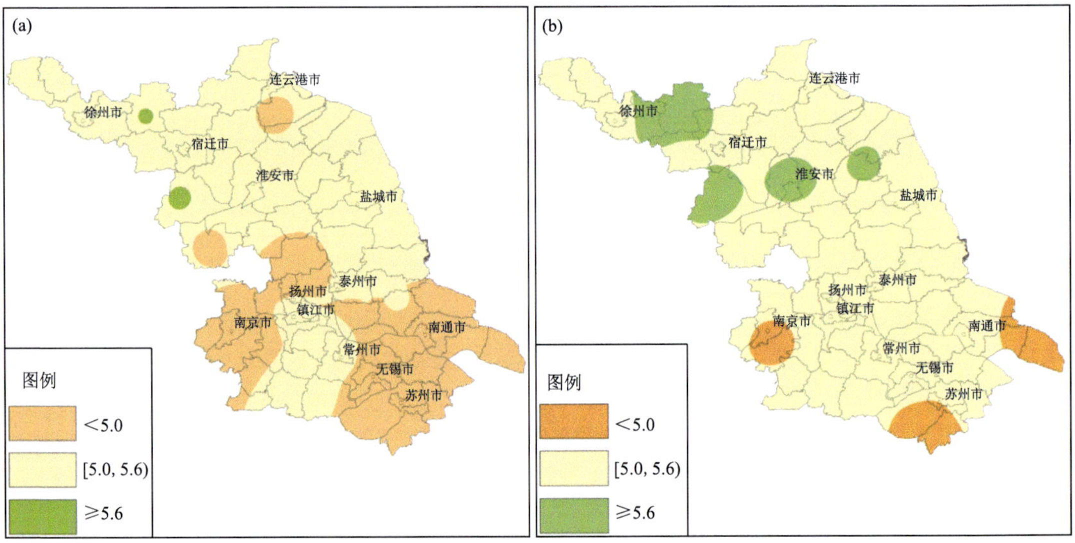

图 1.1 2008—2017 年(a)和 2008—2021 年(b)江苏省年平均降水 pH 分布

2008 年以来全省酸雨发生频率持续下降。分析 2008—2017 年全省平均酸雨发生频率(图 1.2a)发现,淮北局部及淮河以南地区酸雨发生频率大于 40%,其中苏南南部及南通东南部地区酸雨发生频率超过 60%,苏州东山的酸雨发生频率最高,达 86.0%;沿淮和淮北的大部分地区酸雨发生频率在 20%~40%,局部低于 20%(邳州、泗洪)。而从 2008—2021 年酸雨发生频率分布(图 1.2b)看,酸雨发生频率低于 20%的站点多了阜宁站,频率高于 40%的北界南移到江淮之间中部,高于 60%的范围则缩小到常州、东山和吕泗 3 地。说明江苏省各地酸雨发生频率都有不同程度的下降。

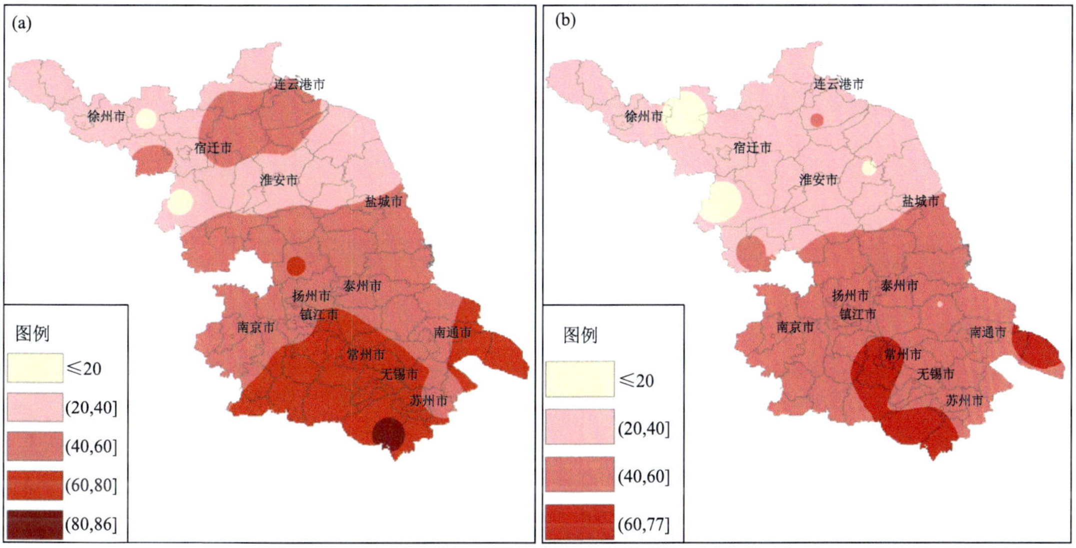

图 1.2　2008—2017 年(a)和 2008—2021 年(b)江苏省平均酸雨发生频率(单位:%)

结合全省平均值的年际变化(图 1.3)看,自 2009 年起酸雨发生频率呈波动下降趋势(气候倾向率为 41%/10a),至 2021 年降为 16.1%,仅为 2009 年同期频率的 23.0%;而年降水 pH 则呈现逐年显著增加的趋势(气候倾向率为 1.1/10a),降水 pH 从 2008 年的 4.5,到 2018 年开始超过 5.6。可见,无论是从降水 pH 还是从酸雨发生频率来看,2008 年以来江苏全省降水都表现为酸性持续减弱态势,而且淮北地区的酸雨污染改善速度明显快于淮河以南地区。

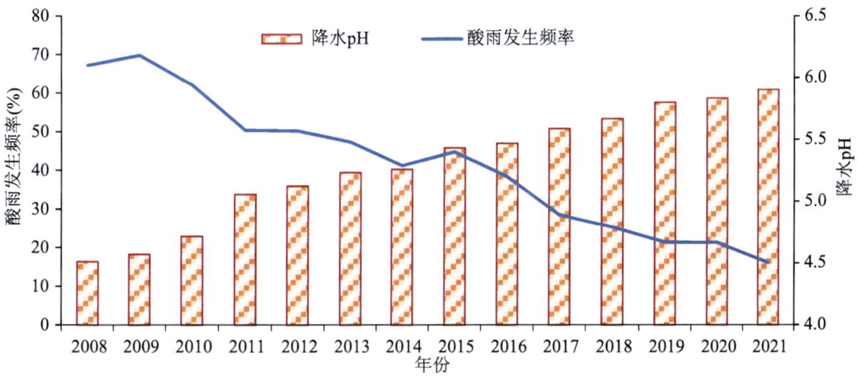

图 1.3　2008—2021 年江苏省年平均酸雨发生频率和降水 pH 分布

1.1.2.2　2012—2021 年酸雨季节分布

2012—2021 年，全省各地区四季平均酸雨发生频率在 14.4%～54.1%，冬季最高，春季次之，秋季和夏季最低(图 1.4)。其中，苏南地区四季酸雨发生频率在 40.6%～54.1%，四季均居全省最高；江淮之间四季酸雨发生频率在 25.3%～44.1%，冬季最高，春季和秋季相当，夏季最低；淮北地区四季酸雨发生频率在 14.4%～27.3%，冬季最高，夏季最低，春季和秋季相当，且四季均为全省最低。整体而言，近 10 年来，江苏省酸雨发生频率以冬季最高，夏季最低，春季和秋季相当且居于冬夏之间；其中苏南地区酸雨发生频率最高，其次是江淮之间，淮北地区则少见酸雨。

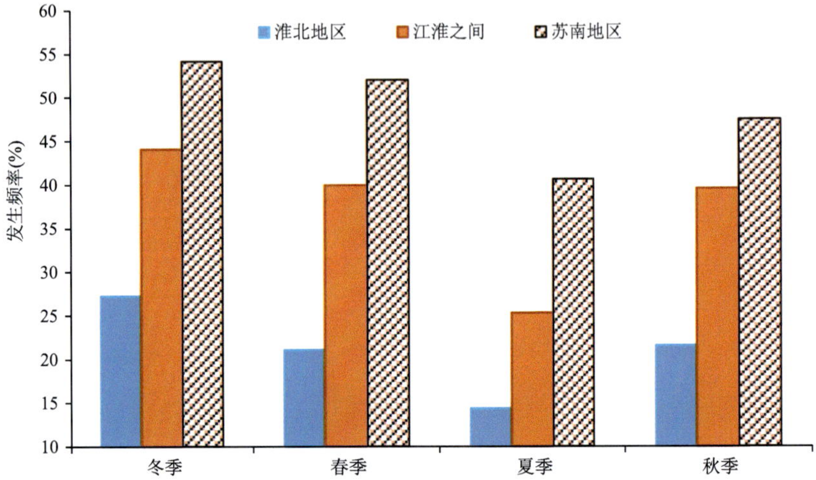

图 1.4　2012—2021 年江苏省酸雨发生频率季节分布

2012—2021 年，全省各地区四季平均降水 pH 在 5.29～6.06(图 1.5)，仅江淮之间部分地区和苏南地区降水呈弱酸性。淮北地区四季平均值都超过 5.6，春季和秋季降水 pH 最低，冬季略高，夏季的降水 pH 最高，为 5.78。与酸雨发生频率的空间分布相反，淮北地区一年四季降水 pH 最大，苏南地区降水 pH 最小(酸性最强)，江淮之间的降水 pH 介于二者之间。

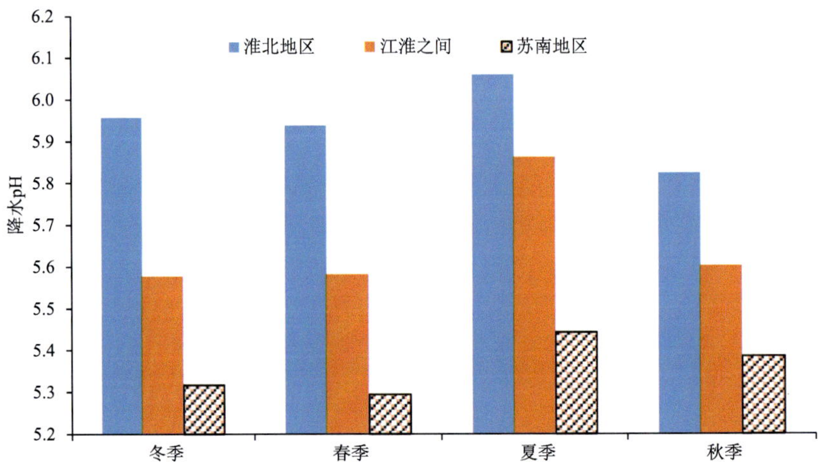

图 1.5　2012—2021 年江苏省降水 pH 季节分布

1.1.2.3　1992—2021 年酸雨趋势变化

以徐州、淮安、南京及常州 4 站的酸雨监测资料为基础，分析 1992 年以来年降水 pH、酸雨发生频率的时间变化，在一定程度上能反映江苏省淮北地区和淮河以南地区酸雨污染的变化情况。

2017—2021 年徐州年酸雨发生频率稳定小于 5.0%。2004 年以前，徐州酸雨年发生频率保持在 20%以下(图 1.6)，年降水 pH 普遍大于 5.6，几乎无强酸雨发生。2004 年以后，酸雨和强酸雨发生频率逐年上升，酸雨发生频率在 30%～70%，年降水 pH 低于 5.0，至 2009 年酸雨状况有所好转，酸雨发生频率又开始下降，降水 pH 也有所上升，2015—2021 年均大于 5.6，尤其是 2017—2021 年酸雨发生频率一直低于 5.0%。

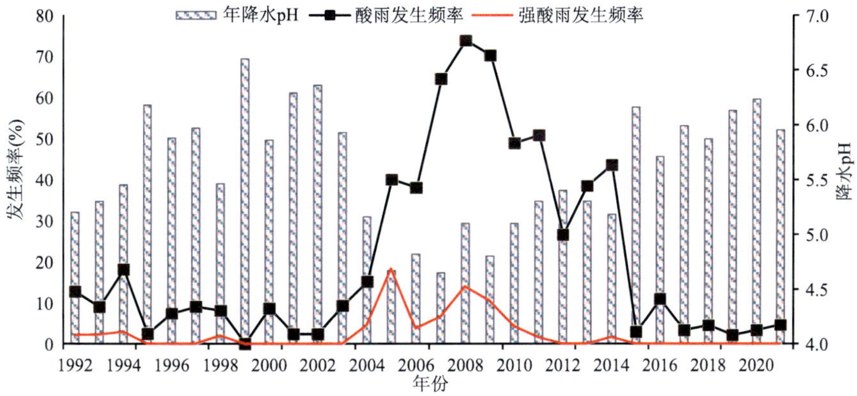

图 1.6　1992—2021 年徐州酸雨发生频率和降水 pH

淮安酸雨发生频率先降后升再持续下降，2017—2021 年中有 4 年未出现酸雨。1992—2001 年，淮安酸雨发生频率、降水酸度呈波动下降趋势，2002—2004 年无酸雨出现；2006 年以后，污染加重，酸雨发生频率和强酸雨发生频率变大，降水酸度增强，在 2008—2010 年达到最高值，酸雨发生频率接近 70.0%，强酸雨发生频率超过 30.0%，年降水 pH 降到 4.5 以下；2011 年以后污染状况趋于缓解，酸雨发生频率开始下降、降水 pH 上升，虽然在 2014 年出现短暂反弹，但 2015 年以后酸雨发生频率持续下降，年降水 pH 均超过 6.0，其中 2017 年、2019 年、2020 年和 2021 年未出现酸雨(图 1.7)。

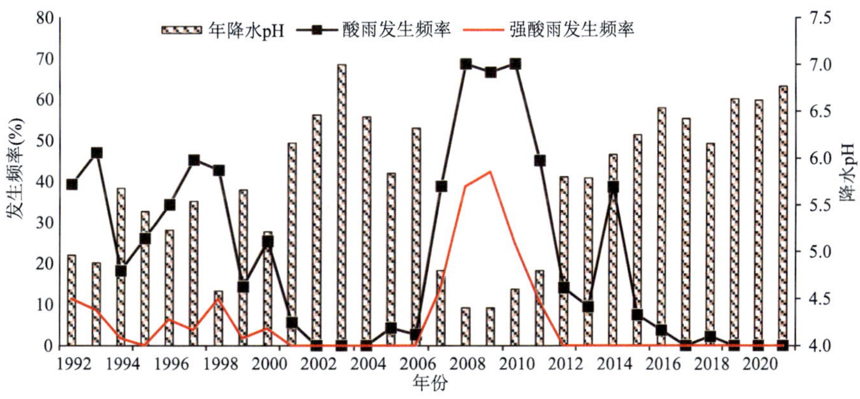

图 1.7　1992—2021 年淮安酸雨发生频率和降水 pH

南京酸雨发生频率先降后升，然后缓慢减轻，发生频率维持在 24.4%～62.5%。1992—2021 年，南京市酸雨发生频率呈现"二峰"特征。其中，酸雨发生频率峰值分别出现在 1992—1998 年、2005—2014 年，绝大多数年份高于 40.0%，最高达到 73.6%，尤其是 2007—2014 年强酸雨的发生频率均超过 10%，2010 年高达 38.0%。与酸雨发生频率对应，南京市酸雨强度呈现"二谷"特征，年降水 pH 谷值分别出现在 1996—1998 年、2005—2014 年，均低于 5.0，1997 年最低，为 4.24。2014 年以后，虽然酸雨发生频率较前几年有所减少，但仍维持在 24.4%～62.5%，强酸雨次数明显锐减，2021 年未出现强酸雨，期间年降水 pH 逐渐升高，多数年份高于 5.0，酸雨强度明显减弱(图 1.8)。

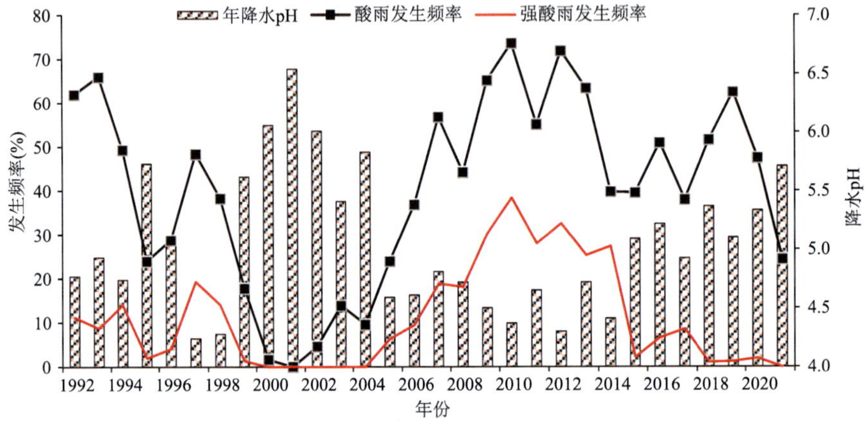

图 1.8　1992—2021 年南京酸雨发生频率和降水 pH

2011—2021 年常州酸雨发生频率依然较高，主要为弱酸雨。与其他 3 市相比，常州市降水 pH 一直维持较低值(≤5.66)，酸雨发生频率除 1996—2001 年外也始终保持在≥40.0%的较高水平(图 1.9)。1997 年之前酸雨污染较重，其中 1993—1994 年降水 pH 小于 4.5，强酸雨的发生频率出现历史极值(43.75%)；1997—2001 年虽未出现强酸雨，但酸雨发生频率依然维持在 20%上下，年降水 pH 接近 5.6；2002 年开始，酸雨发生频率再次上升，强酸雨出现次数增加，2009 年达到最多(37.1%)，同时，年降水 pH 又降至 4.53；2011 年以后又有所改善，年降

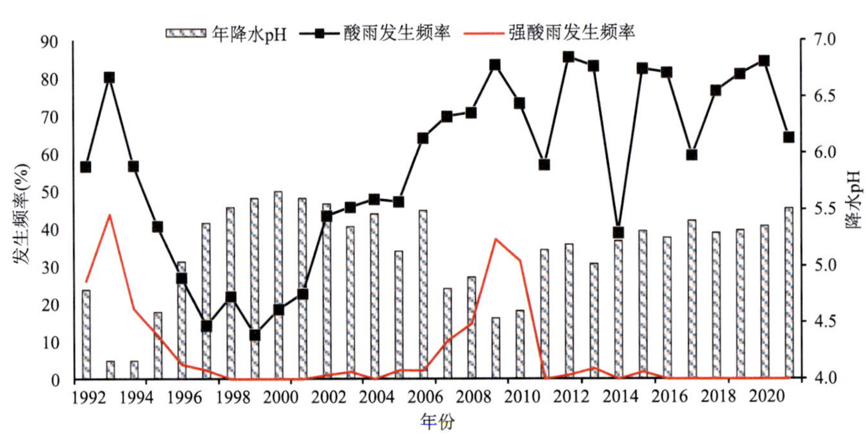

图 1.9　1992—2021 年常州酸雨发生频率和降水 pH

水 pH 升至 5.0～5.5，酸雨发生频率较之前无明显差异，但强酸雨发生频率较低，以弱酸雨为主，这说明常州酸雨污染也有减弱趋势，但程度不如其他 3 站。

1.1.3　结论与讨论

利用江苏现有酸雨监测数据，通过分析酸雨发生频率和降水 pH，探讨江苏省酸雨时空分布规律和趋势变化特点。

(1)2008—2021 年，仅邳州、泗洪、淮安和阜宁 4 站年平均降水 pH 高于 5.6，全省其他大部分地区在 5.0～5.6，与前 10 年（2008—2017 年）平均值相比，pH<5.0 的范围缩小、≥5.6 的区域扩大，酸雨强度减弱；从 2008—2021 年酸雨平均发生频率分布看，沿淮和淮北地区仅邳州、泗洪及阜宁站低于 20.0%，江淮之间南部和苏南地区超过 40.0%，与 2008—2017 年的平均值相比，高于 60.0%的区域从苏南中部和沿江东部缩小到常州、东山和吕泗，同时全省平均酸雨发生频率也明显减少。

(2)利用 2012—2021 年的酸雨资料，分别计算淮北、江淮之间和苏南 3 个地区春、夏、秋、冬四季的平均酸雨发生频率和降水 pH。结果发现：近 10 年（2012—2021 年）江苏省酸雨发生频率以冬季最高，夏季最低，春季和秋季相当且居于冬夏之间，其中苏南地区酸雨发生频率最高，其次是江淮之间，淮北地区最低；而降水 pH 的空间分布与酸雨发生频率正相反，呈现北高南低分布，且以春季和秋季降水 pH 最低，冬季略高，夏季的降水 pH 最高。

(3)1992 年以来，徐州、淮安和南京的酸雨大致以“二峰二谷”的趋势变化，其中，1992—2000 年为酸雨重污染期，2001—2004 年污染改善期，2005—2014 年酸雨污染再次加重，之后又进入改善期。与徐州、淮安和南京相比，常州的酸雨污染一直持续较重态势，经历过重一轻一重之后，2011 年起，酸雨发生频率和降水 pH 也有所改善，但一直维持较为稳定的弱酸性变化。比较一致的是，再次进入改善期后强酸雨出现次数明显下降，尤其是 2017 年以来，除南京外，徐州、淮安及常州均未出现强酸雨。

1.2　基于经验正交函数法的酸雨时空分布特征

经验正交函数分解（EOF）是一种常用的多变量分析方法，已被广泛应用于大气科学领域的研究（南庆红 等，2003；邱海军 等，2011）。它是在实测要素场的基础上，把要素场分解为时间函数和空间函数的乘积（丘福文 等，2011），在分析实际要素场的空间结构方面有着较好的效果。本小节利用 24 个酸雨监测站 2008 年 1 月—2011 年 12 月共 48 个月观测数据，采用 EOF 分解方法，详细掌握污染较重时期江苏省酸雨的时空分布特征及变化趋势。

1.2.1　经验正交函数分解（EOF）

设有 $p(p=24)$ 个站点，每个站点有 n 个数值（时间序列 $n=48$），每个数值记为 x_{ij}

$$X=(x_{ij})=(x_1,x_2,\cdots,x_j)=\begin{pmatrix} x_{11} & \cdots & x_{1n} \\ \vdots & \ddots & \vdots \\ x_{p1} & \cdots & x_{pn} \end{pmatrix} \tag{1.4}$$

矩阵中元素 $x_{ij}(i=1,2,\cdots,p;j=1,2,\cdots,n)$ 为距平值，满足

$$\frac{1}{n}\sum_{j=1}^{n}x_{ij}=0 \quad (i=1,2,\cdots,p) \tag{1.5}$$

将物理场时间序列 X 分解为正交的空间场 V 和正交的时间场系数 Y 的乘积：

$$X=VY \tag{1.6}$$

式中，

$$V=\begin{pmatrix} v_{11} & v_{12} & \cdots & v_{1p} \\ v_{21} & v_{22} & \cdots & v_{2p} \\ \cdots & \cdots & \cdots & \cdots \\ v_{p1} & v_{p2} & \cdots & v_{pp} \end{pmatrix} \qquad Y=\begin{pmatrix} y_{11} & y_{12} & \cdots & y_{1n} \\ y_{21} & y_{22} & \cdots & y_{2n} \\ \cdots & \cdots & \cdots & \cdots \\ y_{p1} & y_{p2} & \cdots & y_{pn} \end{pmatrix}$$

要求

$$\begin{cases} v'_k v_l = \sum_{i=1}^{p} v_{ik} v_{il} = 0(k\neq l) \\ y'_k y'_l = \sum_{j=1}^{n} y_{kj} y_{lj} = 0(k\neq l) \end{cases} \tag{1.7}$$

1.2.2　结果分析

1.2.2.1　月降水 pH 的空间与时间特征

根据 EOF 分解的特征向量并不能代表月降水 pH 的大小，但它能反映降水 pH 的空间分布结构，并且特征向量的数值大小能反映降水 pH 变化的程度。根据贡献率的大小，取前 5 个特征向量(表 1.1)，其累计贡献率达 80.9%，其他 19 个特征向量的贡献率总和为 19.1%。

表 1.1　月降水 pH 空间分布的特征向量贡献率

特征向量	特征值	贡献率	累积贡献率
第一	6.35×10^{1}	0.3601	0.3601
第二	2.51×10^{1}	0.1423	0.5024
第三	2.21×10^{1}	0.1251	0.6275
第四	1.91×10^{1}	0.1083	0.7358
第五	1.30×10^{1}	0.0734	0.8092

图 1.10a 为 EOF 分析得到的江苏省月降水 pH 场的第一特征向量，方差贡献率为 36.0%。由图中可见，省内除西南、西北小部分地区数值为负外，其他大部分地区均为正值，东部沿海为高值区。这说明省内月降水 pH 变化趋势基本具有一致性，要么同步上升，要么同步下降，变化幅度由东向西逐渐减小，东部沿海月降水 pH 变化程度最大。图 1.10b 是第一特征向量对应的时间系数。根据 EOF 统计原理，特征向量对应的时间系数表示这一地区特征向量所代表的分布形式的时间变化。时间系数的绝对值越大，说明这一时刻该分布类型越典型。自 2008 年 1 月到 2011 年 12 月第一特征向量时间系数呈振荡上升，2010 年 6 月前，时间系数多数为负值，场型相反，pH 下降，降水酸性变强；7 月之后为正值，分布场典型，对应月 pH 变化程度在振荡中升高，2011 年 1 月变化最大。可见，2008 年以来，月降水 pH 波动上升，降水的酸性有减弱趋势。

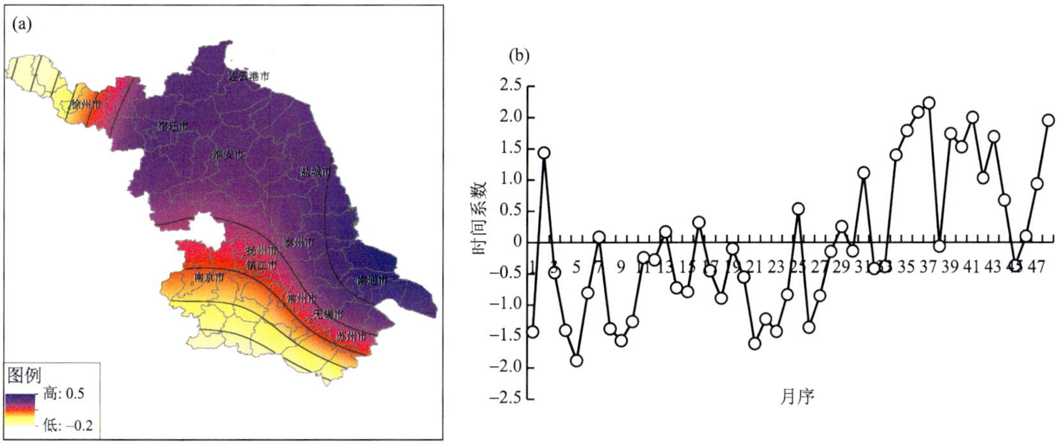

图 1.10　降水 pH 的第一特征向量(a)及第一特征向量对应的时间系数(b)
(横坐标代表 2008 年 1 月—2011 年 12 月共 48 个月的月序,下同)

图 1.11a 为第二特征向量分布图,方差贡献率 14.2%,也是一种比较典型月降水 pH 场的分布形式。江淮西部、苏南地区为正值区,淮北、东部沿海地区为负值。正值中心在沿江西部,负值中心在淮北西部,这种分布形式表现为月降水 pH 场南北空间上的反向性,沿江西部月降水 pH 增加,淮北西部就减少;反之,淮北西部月降水 pH 增加,苏南西部 pH 就下降。图 1.11b 是第二特征向量对应的时间系数,可以看出这种分布形式呈现明显年际变化,2008 年分布场逐渐典型,年底达到最强,2009 年显著性减弱,2010 年反向分布,2011 年又开始正向典型分布。

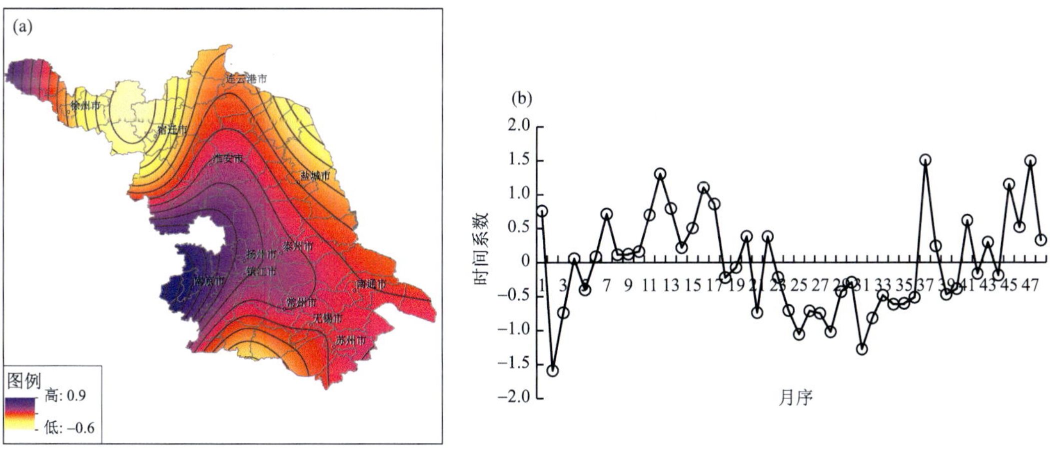

图 1.11　降水 pH 第二特征向量(a)及第二特征向量对应的时间系数(b)

1.2.2.2　月大气降水电导率的空间与时间特征

根据 EOF 分解的特征向量能反映大气降水电导率(K 值)的空间分布结构,其数值大小能反映 K 值的变化程度。根据贡献率的大小,取前 5 个特征向量(表 1.2),其累计贡献率达 79.5%。其他 19 个特征向量的贡献率总和为 20.5%。

表 1.2　月大气降水电导率的特征向量贡献率

特征向量	特征值	贡献率	累积贡献率
第一	1.35×10^5	0.37265	0.37265
第二	6.57×10^4	0.18198	0.55463
第三	3.30×10^4	0.09141	0.64603
第四	3.13×10^4	0.08663	0.73266
第五	2.26×10^4	0.06261	0.79527

图 1.12a 为 EOF 分析得到的 K 值空间分布的第一特征向量，方差贡献率为 37.3%。由图中可见，整个空间场均为正值，这表明江苏省大气降水电导率同位相变化特征，淮北西北部、沿江西部存在大变异区，K 值变化幅度大；中东部地区数值较低，K 值变化幅度小。从时间序列看(图 1.12b)，这一模态呈明显的季节变化。秋冬季节 K 值升高，春夏季 K 值下降，这说明秋冬季节降水较少，空气中悬浮颗粒较多，而夏季降水较多，空气中悬浮颗粒经过反复冲刷减少，K 值相对较小。

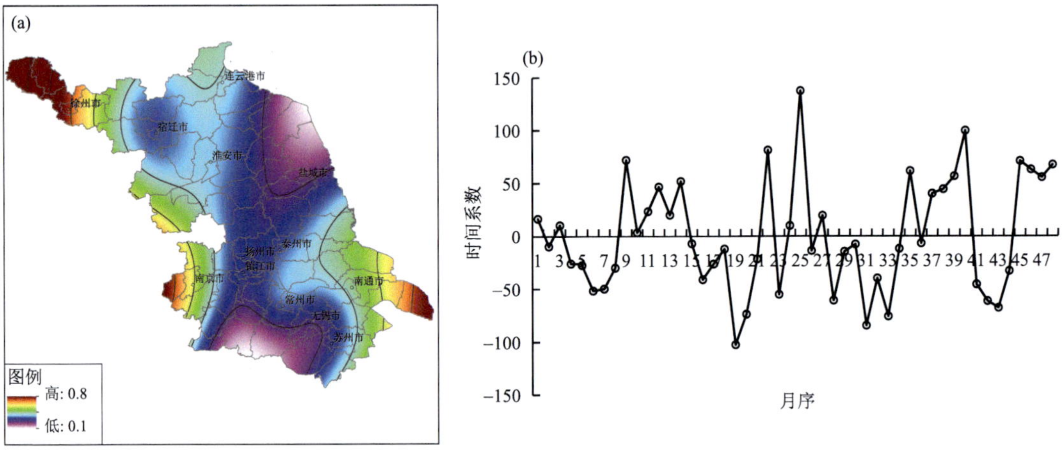

图 1.12　大气降水电导率的第一特征向量(a)及第一特征向量对应的时间系数(b)

图 1.13a 为 K 值第二特征向量的空间分布，方差贡献率为 18.2%。由图中可见，淮河以南为正值区，淮北为负值区，其中苏南地区存在 2 个正值区，淮北西北部有负值，这说明当淮河以南地区 K 值增加时，淮北地区 K 值减少；淮河以南地区 K 值减少时，淮北地区 K 值反而增加。

图 1.13b 给出的是 K 值 EOF 分析的第二特征向量对应的时间系数。2008 年、2011 年多数为正值，2009 年、2010 年时间系数多数为负值，这说明 2009 年、2010 年 K 值反位相变化，2008 年、2011 年正位相变化。

1.2.2.3　月酸雨量的空间与时间特征

月酸雨量的 EOF 分解得出特征向量(表 1.3)，根据贡献率的大小，取前 3 个特征向量，其累计贡献率达 84.5%，其他 21 个特征向量的贡献率总和为 15.5%。

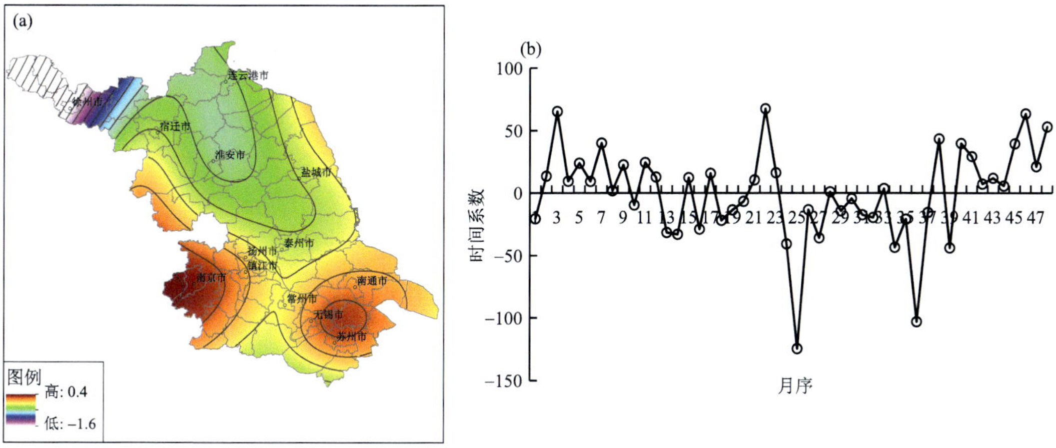

图 1.13　大气降水电导率的第二特征向量(a)及第二特征向量对应的时间系数(b)

表 1.3　月酸雨量的特征向量贡献率

特征向量	特征值	贡献率	累积贡献率
第一	2.03×10^{6}	0.65242	0.65242
第二	3.89×10^{5}	0.12495	0.77737
第三	2.11×10^{5}	0.06782	0.84519

图 1.14a 为 EOF 分析得到的江苏省月酸雨量分布的第一特征向量，方差贡献率为 65.2%，是主要场型。由图中可见，第一特征量的整个空间场均为正值，表明江苏省月酸雨量同位相变化特征，江淮之间南部、苏南地区存在大变异区，淮北地区、江淮之间东部为低值区，说明苏南地区的酸雨量变率高于淮北地区。从时间序列(图 1.14b)看，这一模态呈季节变化，与降水的季节分布相似。夏季全省酸雨量增多，尤以 2009 年 7 月最典型，春季次之；秋冬季节省内酸雨量明显减少。

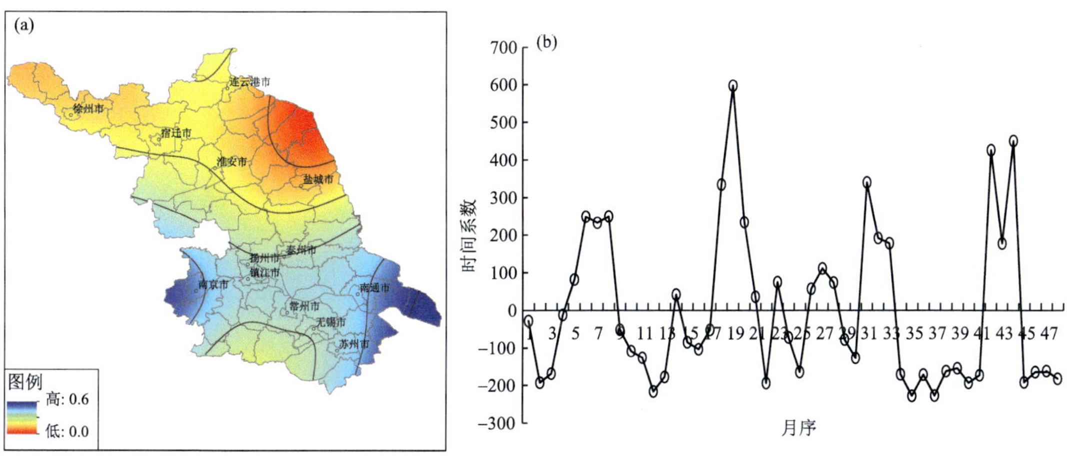

图 1.14　月酸雨量的第一特征向量(a)及第一特征向量对应的时间系数(b)

1.2.3　结论与讨论

酸雨形成是多因素综合的结果，除受天气系统、大气污染源的影响外，也受地形、地貌的影响。通过对2008—2011年48个月的降水pH、大气降水电导率以及酸雨量的EOF分析发现，江苏省酸性降水场时空差异明显，特征显著。

(1)江苏省月降水pH的前5个特征向量代表5种典型分布场，累积贡献率80.9%。第一特征场方差贡献率36.0%，为典型场。除西北部、西南局部外，全省月降水pH变化趋势基本一致，pH变化幅度由东到西逐渐减少，东部沿海月降水pH变化程度最大。对应的时间系数呈振荡上升趋势，说明2008—2011年，降水酸性有减弱趋势。

(2)江苏省月大气降水电导率的前5个特征向量代表5种典型分布，累积贡献率79.5%。第一特征向量方差贡献率为37.3%，为典型场，场内大气降水电导率具有同位相变化特征，其中淮北西北部、沿江西部存在大变异区，K值变幅大；中东部地区数值较低。从时间序列看，冬春季节K值上升，夏季K值下降，呈明显的季节变化。

(3)江苏省月酸雨量的前3个特征向量累积贡献率84.5%，代表3种典型分布。其中第一特征向量方差贡献率为65.2%，是主要场型，均为正值，表明江苏省月酸雨量同位相变化特征。其中，江淮之间南部、苏南地区存在大变异区，淮北地区、江淮之间东部为低值区，说明苏南地区的酸雨量变率高于淮北地区。从时间序列看，这一模态呈季节变化，夏季、春季酸雨量高于秋冬季节。

以上分析得出，虽然2008—2011年江苏降水酸性有减弱趋势，但酸雨防控形势依然不容乐观。由于东部沿海地区降水pH波动幅度高于西部地区，而西部地区K值的变幅又高于中东部，这说明江苏省东部和西部地区在污染源上有差异，尚需进一步研究。因此，建议各地在继续加强能源结构调整的基础上，针对当地工业产业结构进行深入整合，优化资源配置，改善环境质量。

第 2 章　典型年酸雨特征及成因分析

根据江苏省气象和环保部门的酸雨监测网显示，“十一五”以来，随着总量控制和节能减排力度的加大，省内二氧化硫排放量逐年下降，大部分地区酸雨污染得到有效控制，呈减弱趋势。然而，随着城乡人口和机动车保有量的增加，各类机动车的尾气排放造成大气中 NO_x 急剧增加，酸雨仍时有发生，降水中[SO_4^{2-}]/[NO_3^-]值逐渐下降，酸雨类型也由“硫酸型”转向“硫一硝酸混合型”，这与全国酸雨发展形势基本一致（王文兴 等，1997；赵艳霞 等，2008；宋晓东 等，2009；张群 等，2009；张新民 等，2010；邢建伟 等，2017）。研究发现，酸雨的形成既与局地排放源有关，也与天气系统和气象条件有关（李琼 等，1999；张志刚 等，2004；石春娥 等，2010；Tsai et al.，2011；陈宗娇，2014）。不同的气象条件对酸性颗粒物的垂直扩散和水平输送作用也不尽相同，董惠清等（2005）发现造成广西酸雨发生的天气系统主要是高空槽、切变线和锋面。黄巧明（2009）发现海南岛在冬季风控制时容易产生酸雨。邹德龙等（2012）则发现逆温层和不同风向的辐合作用能增加降水酸度。郑秋萍等（2014）在分析福州和厦门两市酸雨的变化特征时，发现变性冷高压下酸雨污染最严重，而台风及其外围影响下酸雨污染最轻。可见，在排放源和大气污染物的化学成分稳定的情况下，天气形势的变化尤其是风向的改变完全可能影响降水酸度。本章详细分析了江苏省两个典型年（2006 年和 2017 年）酸雨发生特征，结合同步观测的降水、风速、风向等气象要素，探明了江苏省酸雨的主要气象成因（吴洪颜 等，2008，2020）。

2.1　2006 年秋季连续酸雨天气

2006 年 11 月中下旬，在西南暖湿气流和北方不断南下弱冷空气的共同影响下，江苏省出现了长达 13 d 的连续阴雨天气。此次连续阴雨的特点是以小到中雨为主、风速低，这种天气形势抑制了大气颗粒物的扩散，有利于酸雨的产生。

2.1.1　数据来源与方法

所用酸雨监测资料来自徐州、淮安、南京、常州 4 个酸雨观测站，资料年限为 1992—2006 年。观测要素有：时段降水量、降水 pH、大气降水电导率（K 值）、定时 2 min 自记风速、风向等。

数据统计方法参照《酸雨观测业务规范》（中国气象局，2005）。

2.1.2　2006 年酸雨的监测状况

2.1.2.1　酸雨发生频率

2006 年 1—12 月，全省酸雨发生频率与常年同期比，有高有低，南京全年检测到有效降水样本 84 次，酸雨发生频率 37%，比常年同期偏多 8.1%；徐州有效降水样本 55 次，酸雨发生频率 38%，比常年同期偏多 28%；常州有效降水样本 89 次，酸雨发生频率 34%，比常年同期偏少 3%；淮安有效降水样本 75 次，酸雨发生频率 2.6%，比常年同期偏少 19%（表 2.1）。

在各站酸雨的所有检测样本中，南京强酸雨发生频率 9.0%；徐州强酸雨发生频率 3.6%；常州强酸雨发生频率 2.2%；淮安无强酸雨发生（表 2.1）。

表 2.1　2006 年徐州、淮安、南京及常州 4 站酸雨情况统计

台站	南京	徐州	常州	淮安
样本个数	84	55	89	75
酸雨发生频率(%)	37	38	34	2.6
与常年同期对比(%)	8.1	28	−3	−19
年降水 pH	4.61	4.82	5.49	6.32
与常年同期相比	−0.28	−0.54	0.67	1.05
大气降水电导率(μS/cm)	54.1	49.2	96	40.9
与常年同期相比(%)	20.8	0	100	5.6

全省酸雨发生频率基本呈逐月上升趋势（图 2.1），秋冬季节达到峰值。徐州、南京酸雨污染总体变化规律是按秋、春、冬、夏由强到弱；常州的变化规律按秋、夏、冬、春由强到弱。徐州酸雨发生频率 2—4 月和 10 月低于常年同期，其他月份高于常年同期；南京酸雨发生频率在 1—6 月、8 月和 12 月低于常年同期，7 月和 9—11 月高于常年同期；常州酸雨发生频率除 1 月和 9 月外，均低于常年同期；淮安 1—11 月未检测到酸雨，低于常年同期，12 月检测到两次酸雨，发生频率 67%，高于常年同期。

2.1.2.2　酸雨发生强度

2006 年，徐州、南京、常州的年降水平均 pH 小于 5.6，呈酸性，淮安年降水平均 pH 高于 5.6。其中，徐州年降水平均 pH 为 4.82，比常年同期偏低 0.54；南京年降水平均 pH 为 4.61，比常年同期偏低 0.28；淮安年降水平均 pH 为 6.32，比常年同期偏高 1.05；常州年降水平均 pH 为 5.49，比常年同期偏高 0.67。

分析各站月降水平均 pH 的逐月变化（图 2.2）发现，月降水平均 pH 基本呈逐月下降趋势，其中淮安月降水平均 pH 在 5.6 以上波动；徐州月降水平均 pH 在 4.7～6.4，8 个月呈酸性；南京月降水平均 pH 在 4.1～6.6，7 个月呈酸性；常州月降水平均 pH 在 4.8～6.1，4 个月呈酸性。与常年同期相比，徐州和常州除 2 月外，其他月份降水平均 pH 均偏低；淮安全年偏高；南京的 2 月、3 月、5 月和 12 月偏高，其他月份偏低。

2.1.2.3　大气降水电导率

2006 年全省平均大气降水电导率（K 值）较常年同期偏高。其中，徐州年平均 K 值为 49.2 μS/cm，与常年持平；淮安年平均 K 值为 40.9 μS/cm，比常年偏高 5.6%；南京年平均 K 值为 54.1 μS/cm，比常年偏高 20.8%；常州年平均 K 值为 96 μS/cm，比常年偏高 1 倍。这说明全省年平均大气颗粒物浓度较高，尤其是苏南地区的偏高幅度明显高于淮北地区。

分析各站月平均大气降水电导率的逐月变化（图 2.3）发现，徐州、淮安及南京的大气降水电导率（K 值）先降后升的“U”型逐月变化，与常年同期相比有高有低，而常州的月际间变化较平稳、远高于常年同期。其中，徐州的月 K 值呈“冬春季高、夏季低”变化趋势，4 月的 K 值最

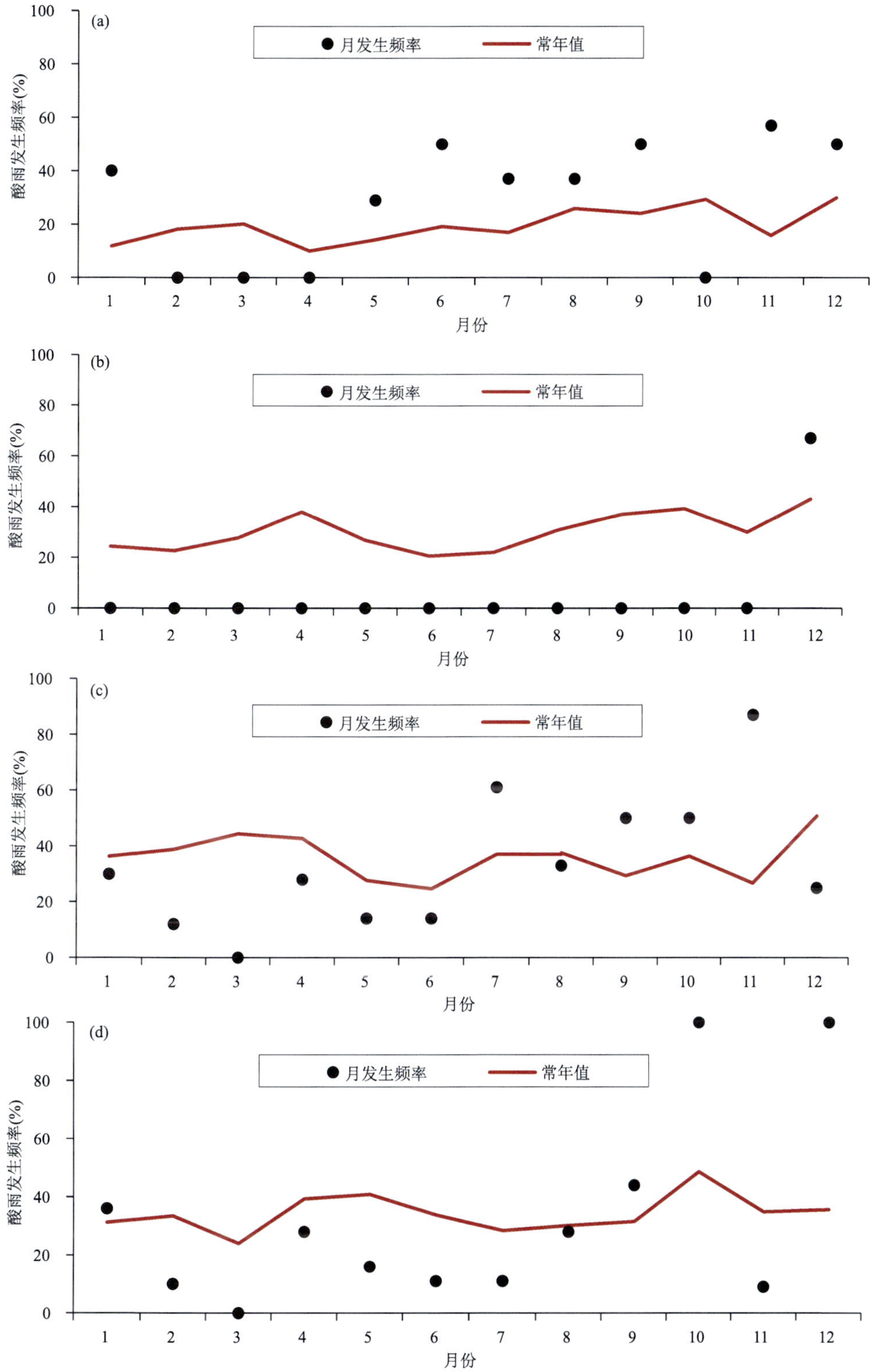

图 2.1　2006 年徐州(a)、淮安(b)、南京(c)及常州(d)各站酸雨发生频率逐月变化

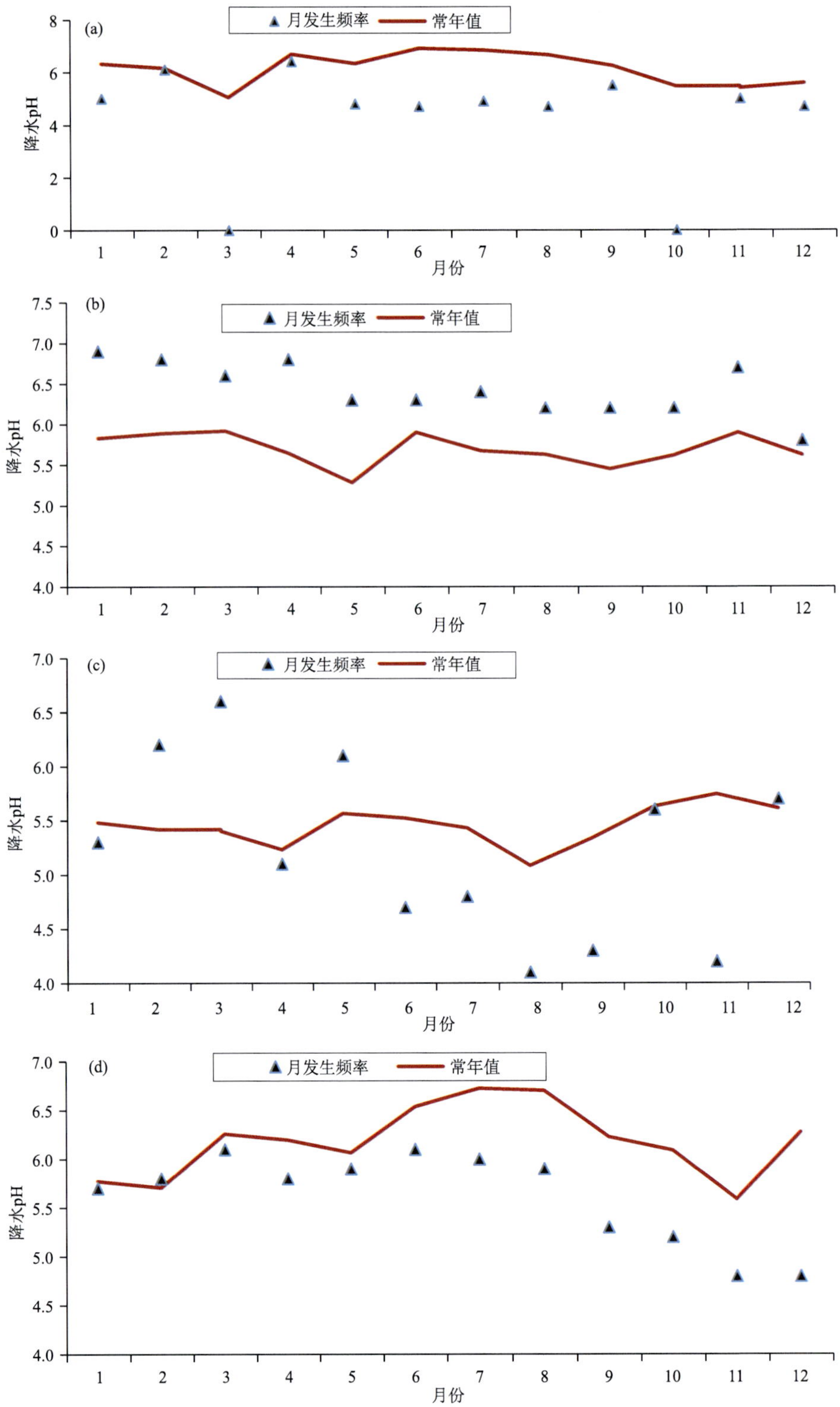

图 2.2　2006 年徐州(a)、淮安(b)、南京(c)和常州(d)各站月降水平均 pH 逐月变化

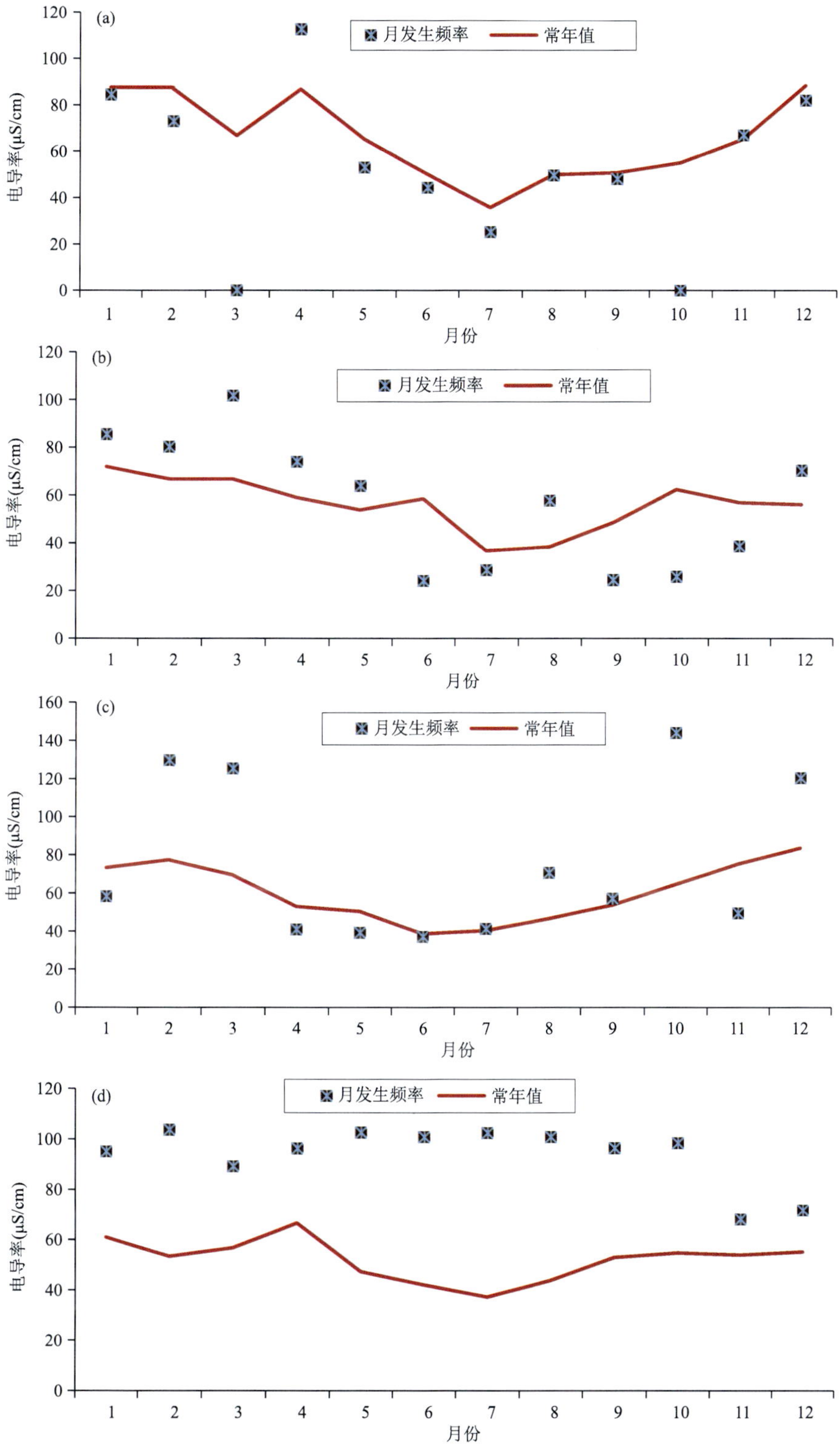

图 2.3　2006 年徐州(a)、淮安(b)、南京(c)和常州(d)各站月大气降水电导率逐月变化

高，达 112.6 μS/cm，7 月最低，为 25.2 μS/cm，3 月和 10 月未出现降水；淮安的月 *K* 值最大值出现在 3 月，为 101.7 μS/cm，最低值（24.1 μS/cm）出现在 6 月，8 月略有升高，9 月又降至 24.4 μS/cm，然后又开始上升；南京的 *K* 值有 4 个月超过 120 μS/cm，最高值出现在 10 月，4—7 月的 *K* 值较低，徘徊在 40 μS/cm 左右；常州的月 *K* 值变化比较平稳，除 11 月（68.1 μS/cm）和 12 月（71.7 μS/cm）较低外，其他月份都在 100 μS/cm 上下波动。

2.1.3 2006 年气象条件分析

2.1.3.1 酸雨与前期气候干旱

2006 年 10 月初—11 月上旬，全省出现了大范围的干旱少雨天气，大部分地区累计降水量较常年同期偏少 6 成至 1 倍（图 2.4）。长时间干旱，导致空气中的各类悬浮颗粒物增加，当空气中 SO_2、NO_2 等污染物质浓度较高时，容易导致降水的酸性加强。从南京市各月平均大气降水电导率（*K* 值）变化即可看出，高值出现在 10 月，与秋季的长时间干旱对应，而到了 11 月由于连续阴雨冲刷，*K* 值急剧下降（49.5 μS/cm）（图 2.3），平均降水酸性增强，仅次于 8 月（图 2.2）。

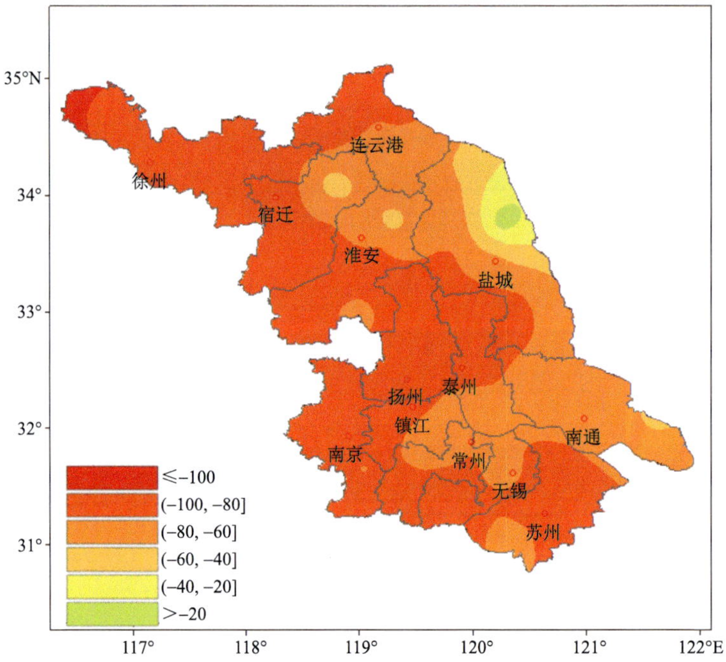

图 2.4 2006 年 10 月 1 日—11 月 10 日降水距平百分率（单位：%）

2.1.3.2 酸雨与降水强度

降水强度与酸雨的形成关系密切（林长城 等，2005；郑美琴 等，2006；张国宏 等，2007）。统计全年酸雨发生时的降水强度（表 2.2），以每次酸雨观测所得的雨量按 4 个等级（毛毛雨：$0.1<R<2.0$；小雨：$2.0\leqslant R<10$；中雨：$10\leqslant R<25$；大雨：$25\leqslant R<50$；*R* 是过程降水量，单位：mm）划分，其中徐州小到中雨占 67%，南京小到中雨占 83%，常州全是小到中雨天气，小雨占

72%。由此可见，毛毛雨天气时，酸雨出现的频率最小，其次是大雨天气，小到中雨天气酸雨出现的频率最高。

表 2.2　酸雨发生次数与降水强度对比

	徐州	南京	常州	淮安
酸雨次数	21	29	33	2
毛毛雨次数	0	1	7	0
小雨次数	9	11	17	2
中雨次数	5	12	9	0
大雨以上次数	7	5	0	0

分析降水 pH 与过程降水量之间的关系得到，常州、徐州降水 pH 与降水量之间存在显著正相关；而在南京二者没有表现出明显的相关性。这可能与降水对大气污染物的稀释有关。

2.1.3.3　酸雨与地面风场

风速风向对大气污染物的扩散有影响。分析常州、南京和徐州 3 站 2 min 平均风速与降水 pH 的关系发现，二者存在非常显著的负相关(表 2.3)，均通过 $\alpha=0.01$ 的显著性检验。淮安站全年仅出现两次酸雨，降水 pH 与风速的关系并不明显。

表 2.3　2 min 平均风速与降水 pH 的相关系数

台站	常州	南京	淮安	徐州
相关系数	−0.61714*	−0.45125*	0.21611	−0.50631*

注：* 为通过 $\alpha=0.01$ 的显著性检验。

统计南京、常州酸雨日的定时风向(图 2.5)发现，出现酸雨时，南京和常州的地面风都以东北风为主，徐州亦然(图略)。

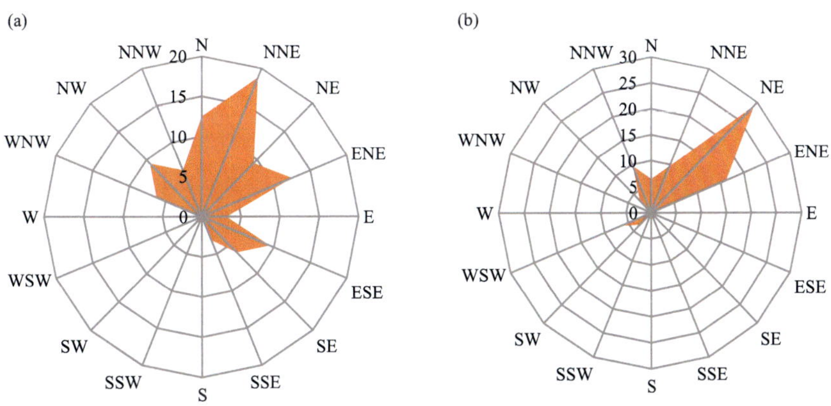

图 2.5　常州(a)、南京(b)出现酸雨时的风玫瑰图(单位：%)

2.1.3.4　酸雨与天气系统

2006 年 11 月中旬到 12 月，大气环流处于调整期，受稳定的西南暖湿气流和北方不断南下的弱冷空气影响，天气系统稳定维持在江苏上空，造成江苏省 11 月出现长达 13 d 的阴雨天气，12 月出现了 3 次小雨天气。此次的天气特点是以小到中雨为主，风速低于 4 m/s。研究表明，这种天气形势非常不利于大气污染物扩散，而且由于雨滴粒径小、密度大，有利于大气中的污染物进入雨中被冲刷下来。因此，当年 11 月，受连续阴雨影响，南京、常州和徐州酸雨发生频率分别比常年同期偏高 60%、49%和 30%，12 月常州、徐州和淮安 3 站的酸雨发生频率分别比常年同期偏高 60%、40%和 37%。

2.1.4　结论与讨论

通过对江苏省 4 个酸雨监测站 2006 年的监测资料和同步天气背景分析得到以下结论：

(1)2006 年江苏年酸雨发生频率在 2.6%～38%，呈逐月上升趋势。与常年同期对比，上半年酸雨发生频率偏低，下半年偏高。全年酸雨发生频率南京、徐州高于常年同期，淮安、常州低于常年同期。

(2)2006 年江苏年降水平均 pH 在 4.82～6.32，有逐月下降趋势。与常年同期对比，徐州和常州除 2 月外，其他月份降水 pH 均偏低；南京的 2 月、3 月、5 月和 12 月偏高，其他月份偏低；淮安各月降水 pH 均偏高。年降水 pH 南京、徐州低于常年值，淮安、常州高于常年值。

(3)2006 年江苏酸雨发生频率季节变化明显，秋冬季(9 月、11 月、12 月)酸雨污染较重，各站均高于常年同期。其中徐州、南京酸雨污染总体变化规律是按秋、春、冬、夏由强到弱，常州是按秋、夏、冬、春由强到弱。

(4)酸雨发生与气象条件关系密切。小到中雨的降水强度下最易出现酸雨；降水 pH 与 2 min 平均风速存在显著负相关，而且酸雨的出现与风向也有一定关系。由此可见，造成 2006 年秋冬季出现连续酸雨天气的主要原因，首先是稳定维持的天气背景下出现的连阴雨(小雨量)过程，其次是前期气候干旱导致大气中粉尘增加对污染源的叠加效应。

2.2　2017 年南京地区 4 次连续酸雨天气

根据江苏省 1992—2017 年酸雨监测资料分析，2014 年以后，江苏酸雨的强度和频率均有下降，强酸雨减少。在这种减弱形势下，2017 年南京却出现了 4 次、连续 3 d 以上的酸雨过程，过程降水 pH 较低，且其中有 3 次过程出现强酸雨(pH＜4.5)，实属少见。本节主要从酸雨出现前后的天气系统、周边污染物质浓度及发生时间分析，寻找连续酸雨形成的大气环流特征，分析成因并探寻南京市酸雨污染情况的新变化，为酸雨防控提供实施依据。

2.2.1　数据来源与方法

2.2.1.1　酸雨数据

按照《酸雨观测业务规范》(中国气象局，2005)要求以每天的 08 时为日界，降水量≥1.0 mm 时进行降水 pH、降水量、定时风向风速及大气降水电导率的测量。本节所用逐日酸雨监测样本时间为 1992—2017 年，来自江苏省气象局在南京市江宁区、镇江、无锡、常州布设的酸雨监测站。其中，南京市 2017 年获取 92 个有效降水样本(过程降水量≥1.0 mm)，出现 27 次弱酸雨、8 次强酸雨。以安徽省马鞍山酸雨监测站 2017 年监测数据作为对照。

2.2.1.2　SO_2 和 NO_2 逐小时监测数据

2017 年，南京及周边（镇江、常州、无锡）大气中的 SO_2 和 NO_2 浓度（单位：$\mu g/m^3$）逐小时监测数据来自江苏省环境保护厅（2018 年更名为江苏省生态环境厅）。

2.2.1.3　常规气象数据

分析所用要素主要选取对流层中低层及地面的风向、风速和气压，数据来自江苏省气象信息中心。

2.2.2　2017 年酸雨监测状况

2.2.2.1　2013—2017 年酸雨概况

2017 年，南京年降水 pH 为 4.92，低于 2015 年和 2016 年、高于 2013 和 2014 年，日降水 pH 的最低值出现在 9 月 24 日（pH＝4.13），最高值出现在 9 月 20 日（pH＝6.69）；年酸雨发生频率 38％，为五年来最低，其中，强酸雨的发生次数与 2016 年接近（表 2.4）。从季节分布（图 2.6）上看，秋季酸雨发生频率最高、降水 pH 最低，其值分别为 59.3％、4.87；春季仅次于秋季，也属于酸雨污染较重的季节；夏季则为全年酸雨影响最小的季节，酸雨发生频率为 30％，降水 pH 为 5.37。与常年同期对比，降水 pH 仅在夏季高于常年同期，其他季节均低于常年同期；酸雨发生频率春秋季节高于常年同期，冬季和夏季则低于常年同期。

表 2.4　2013—2017 年南京市年降水 pH 和酸雨发生频率

要素	2013 年	2014 年	2015 年	2016 年	2017 年
年降水 pH	4.72	4.41	5.09	5.22	4.92
酸雨发生频率（％）	63.4	39.8	39.6	50.9	38.0
强酸雨发生频率（％）	25.3	27.4	2.19	6.6	8.6
样本数（d）	71	91	91	106	92

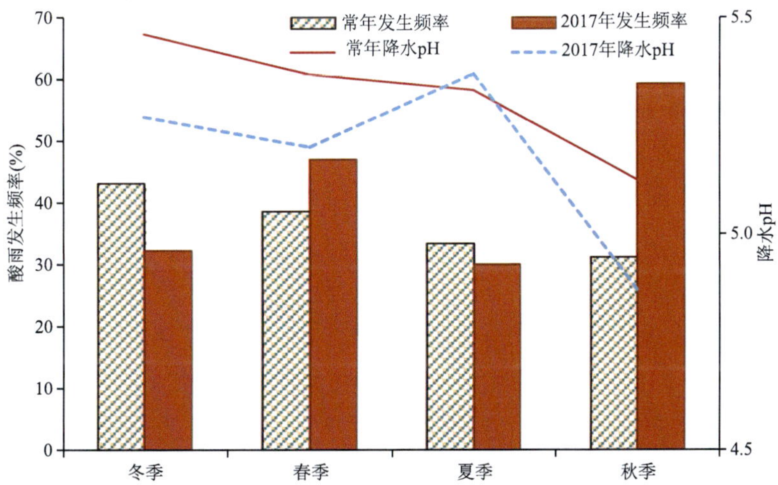

图 2.6　2017 年南京酸雨发生频率和降水 pH 的季节分布

2.2.2.2　4 次连阴雨概况

2017 年南京共出现 4 次连续阴雨、伴有酸雨的过程(表 2.5)，分别在 1 月 4—7 日、4 月 4—10 日、8 月 7—9 日及 9 月 30 日—10 月 5 日，恰好分属于冬、春、夏、秋四季；计算过程平均日雨量以夏季最大、秋季最少；降水 pH 以夏季最高，其他 3 次过程降水 pH 均低于 5.0，酸性较强；期间有 6 d 出现强酸雨，占全年强酸雨的 75%。夏季未出现强酸雨，这与降水频繁、雨量大、对流性强有关，较强的洗脱作用和洗脱频率不利于大气中酸性物质的累积。

表 2.5　南京 4 次连续阴雨、酸雨过程中逐日降水 pH

出现日期	pH	pH	pH	pH	pH	pH	pH	日平均雨量(mm)	平均 pH
1 月 4—7 日	6.19	4.38	4.43	5.61				13.8	4.68
4 月 4—10 日	4.21	4.33	4.3	999	4.61	6.36	5.07	13.6	4.56
8 月 7—9 日	5.04	5.22	5.57					32.3	5.18
9 月 30 日—10 月 5 日	5.67	4.86	6.46	4.72	4.21	4.66		10.2	4.79

2.2.2.3　关联污染物分析

酸雨的形成源于大气中 SO_2、NO_x 等酸性污染物。分析南京 4 次过程的 SO_2、NO_2 浓度和降水 pH(图 2.7)发现，二者与降水 pH 呈线性负相关($r_{SO_2}=-0.51$；$r_{NO_2}=-0.47$)，虽然 SO_2 浓度远小于 NO_2 的浓度，但其与降水 pH 的关系更密切。在降水发生前，大气中 SO_2、NO_2 的小时浓度呈较高状态，而随着雨水冲刷，酸性颗粒物浓度开始下降，雨水酸度也呈现先增强后减弱的趋势，即较强降水之后带来降水 pH 的上升。

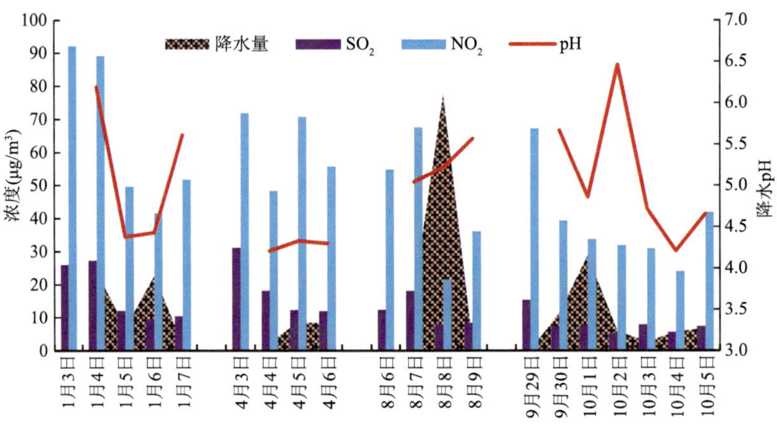

图 2.7　南京市逐日 SO_2、NO_2 浓度(08 时)和降水量及降水 pH 分布

将与南京连续酸雨过程同步的镇江、常州、无锡和马鞍山降水 pH、大气中 SO_2、NO_2 浓度数据进行比较(图 2.8)，SO_2 逐小时浓度低于 100 $\mu g/m^3$，NO_2 的小时浓度在 20～180 $\mu g/m^3$ 之间，均优于国家二级标准(中华人民共和国国家质量监督检验检疫总局 等，2016)。从 SO_2、NO_2 浓度的空间分布看，南京在周围台站中并不突出，多数时间处于较低状态，仅有 5 d 的 NO_2 浓度是区域最高，而无锡的 NO_2 浓度则在冬、春、秋季的过程中高于周边地区，常州 SO_2 浓度却在多数时间处于周边地区最高。然而，从 5 个站监测到的降水 pH 对比看，除 1 月 4 日、1 月 7 日、9 月 30 日和 10 月 2 日外，南京站降水酸性最强，并且同一时段周边台站并未出

现强酸雨(图 2.9),这说明南京强酸雨的发生可能受外来源影响,本地排放不是主要原因。

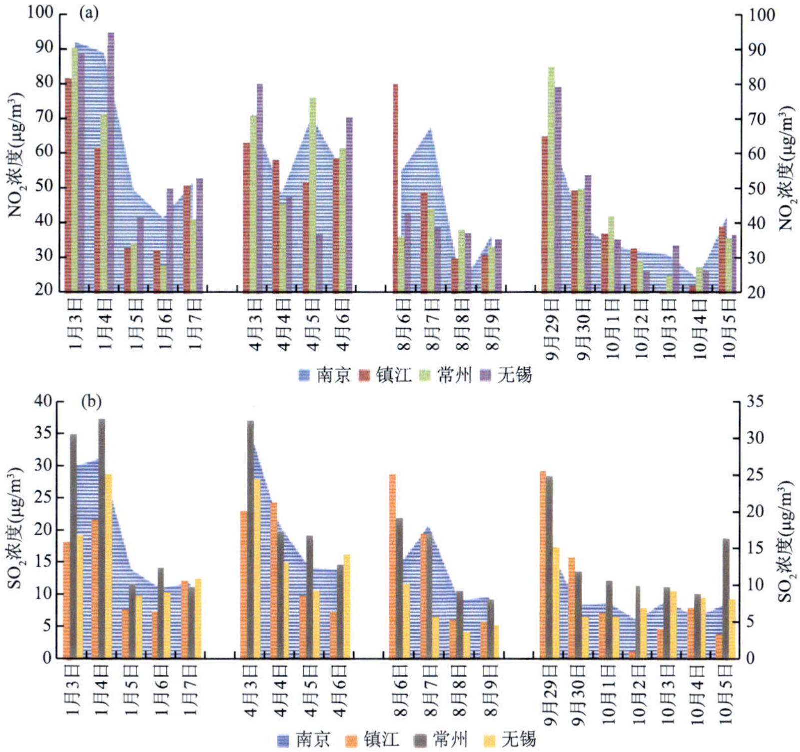

图 2.8　南京及周边站点逐日 08 时 NO_2(a)、SO_2(b)浓度分布
(注:b 图中南京的 SO_2 浓度为次坐标轴,其他三站点的用主坐标轴)

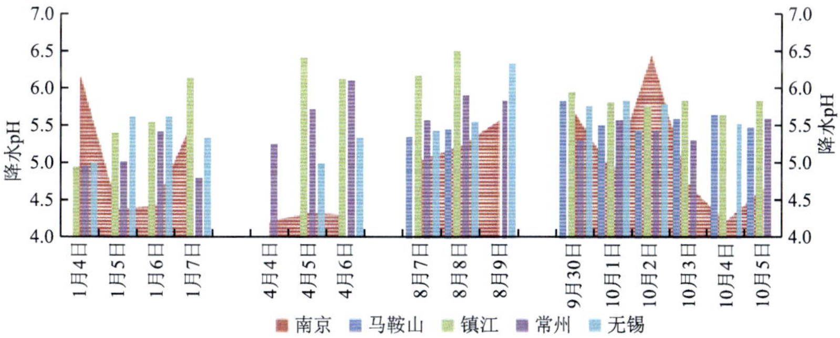

图 2.9　南京、镇江、常州、无锡、马鞍山的逐日降水 pH

2.2.2.4　天气背景分析

特定的天气背景为降水的发生提供了有利条件。南京 4 次连续酸雨过程发生在不同季节,其天气背景具有一定的共性和差异性。首先,是高空 500 hPa 环流平直,且多低槽活动,其次,是低层 850 hPa 伴随切变线长时间维持;然而,由于大气中水汽和能量环境存在季节差异,因此,每次过程在降水强度和持续时间上也有所不同。1 月 4—7 日的酸雨过程发生在冬季,500 hPa 上淮河以南地区为宽广的西南气流,南海的水汽被源源不断输送,期间有两次弱冷空

气活动，700 hPa 上表现为两次低槽东移经过南京，分别在南京产生了 24 h 雨量超过 20 mm 的较强降水。同时，4 日开始在 32°N 附近 850 hPa 有东西向切变线形成和发展(图 2.10a)，并稳定维持，7 日后期随着冷空气南下，切变减弱消失；4 月 4—10 日持续酸雨过程中，高空 500 hPa环流也比较平直，期间经历了多次短波槽活动，只是由于低层西南暖湿气流持续向北推进，850 hPa 上东北风和西南风形成的切变辐合更强(图 2.10b)；夏季(8 月 7—9 日)和秋季(9 月 30 日—10 月 5 日)酸雨过程发生在西太平洋副热带高压非常强盛的天气背景下，尤其是秋季副热带高压与常年相比异常偏强，长江以南地区一直被副高控制，120°E 副热带高压脊线始终位于 25°～27°N；夏季连续酸雨期间，稳定的东北低涡后部冷空气持续南下，与副热带高压西北侧西南气流交汇于江淮一带；对流层中低层对应着稳定少动的切变线维持(图 2.10c)，且切变线南侧西南风持续增强，8 日 20 时南京上空 700 hPa 西南风达 22 m/s，露点温度也由 08 时的 8 ℃增加到 11 ℃，大气中水汽条件显著改善，增加了大气层结的不稳定性，地面渗透的冷空气与南风之间形成中尺度辐合系统，24 h 内产生了 78 mm 的强降水；同样，在秋季酸雨

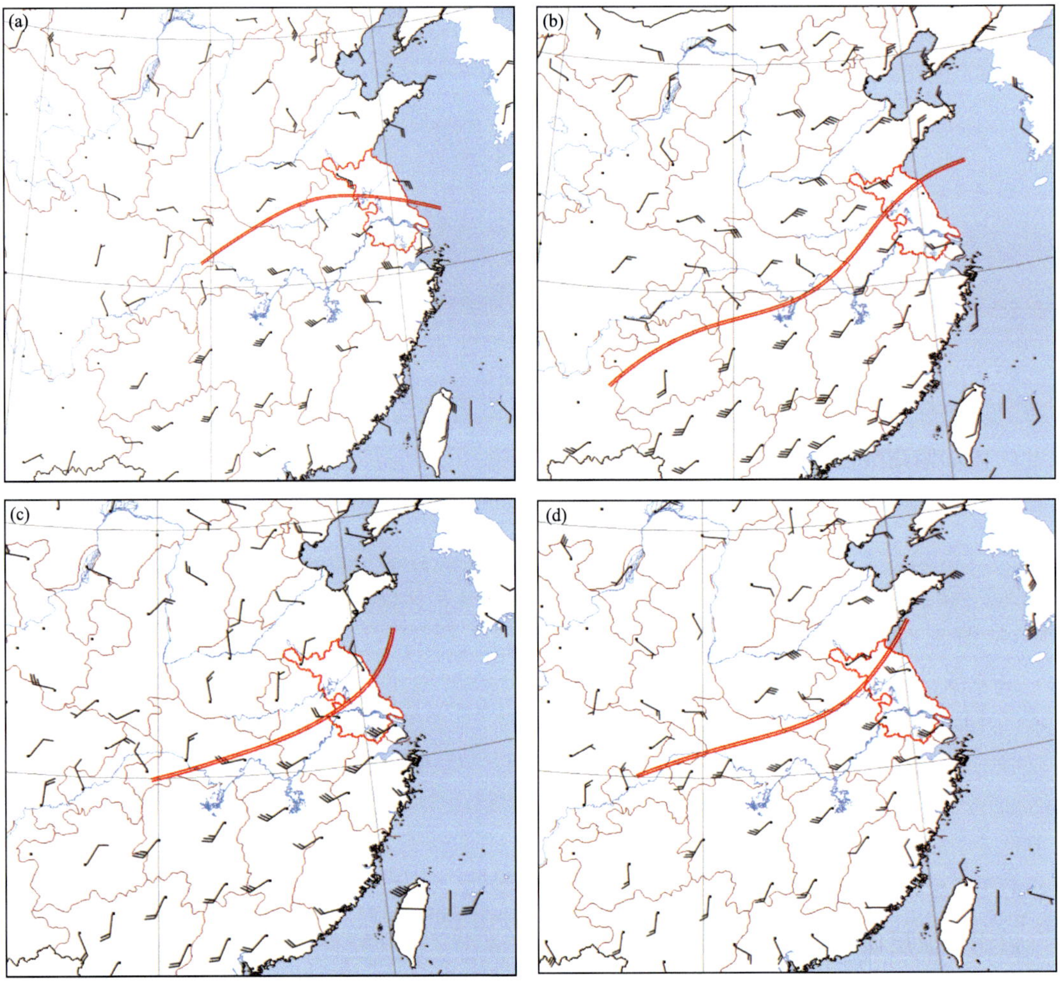

图 2.10　2017 年 4 次连阴雨(酸雨)过程中的 850 hPa 高空风观测场

(a. 1 月 5 日 08 时，b. 4 月 8 日 20 时，c. 8 月 8 日 20 时，d. 10 月 1 日 20 时)

过程中，中层急流下方 850 hPa 依然出现切变线维持（图 2.10d），为连阴雨发生提供了持续动力条件。

研究发现，大气中二氧化硫及其衍生物平流的平均高度为 1200～1500 m（王文兴 等，1997；郑凤琴 等，2006；徐梅，2005）。因此，分析发生酸雨和非酸雨时当日 850 hPa 高空风向（图 2.11）发现，高空风向为偏南—西南时降水频率较高。酸雨发生时西南风、东南风及偏东风的频率高，而非酸雨时高空风向除东北风外各种风向均有，以东南风和西南风最高。平均来看，酸雨发生时的风速略大于非酸雨时风速，尤其是西南风的速度大时酸雨发生频率高。这说明外来源输送对南京酸雨的影响较大，且多来自偏南方向。

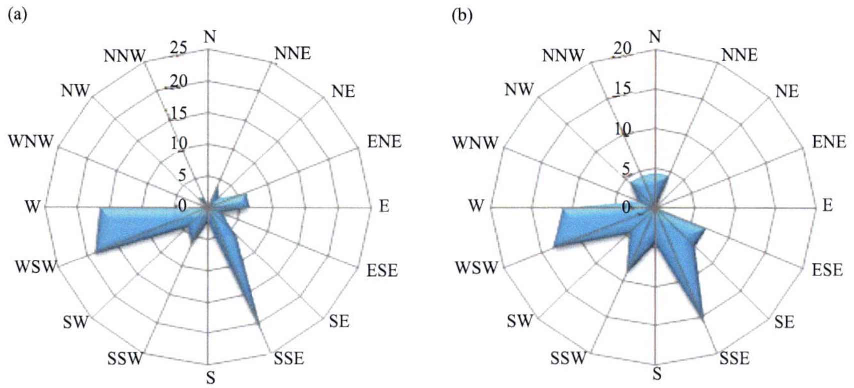

图 2.11 南京酸雨(a)与非酸雨(b)时 850 hPa 高空风向频率玫瑰图(单位：%)

2.2.3 连续酸雨天气的成因分析

2017 年，南京有 30%的降水呈酸性特征，并不是每次降水过程都存在酸雨。分析降水前期和同步大气中主要酸性污染物的监测结果发现，在强酸雨出现前后，南京本地及周围地区并未出现异常偏高酸性污染物。那么，天气系统影响和人为活动则可能是较强酸雨出现的主要原因。

2.2.3.1 低层环流的输送作用

2017 年 1 月 4—7 日，冷空气主体偏北，冷高压中心位于 45°N。南京处于高压底部偏东风场中，从图 2.7 可以看出，降水开始的第一天，虽然 4 日夜间南京 24 h 雨量达 22 mm，但降水并不具备酸性特征（pH=6.19），说明本地没有酸性物质的排放；从第二天开始，低层东风加大，925 hPa 东南风由 4 日的 4 m/s 增大到 10～14 m/s，此时，降水 pH 急剧下降，酸性特征显著，从风场和降水 pH 的变化表明形成此次酸雨的酸性物质并不是本地排放，有可能来自苏南地区。从无锡、常州的降水 pH 变化上（先低后高，图 2.9）更进一步佐证了苏南地区的酸性物质被低层强劲东风输送到南京，在南京形成强酸雨这一事实。

2.2.3.2 局地污染物的作用

由于对流层低层切变线稳定维持，2017 年 4 月 4—10 日和 9 月 30 日—10 月 5 日的两次连续酸雨过程都持续了 6～7 d。在降水的前两天，除 1000 hPa 吹东风外，925～850 hPa 持续南到西南风，且最大风速出现在 850 hPa（14 m/s），第 3d 开始，925～850 hPa 逐渐转为偏东风，在风向转换前后，降水都表现为酸性，这说明了本地污染源的存在。此外，两次过程相比，秋季酸雨(9 月 30 日—10 月 5 日)过程中对流层低层平均风速明显大于春季酸雨(4 月 4—10 日)过程，如果南京周围有污染物的排放，那么应该是秋季的酸性程度大于春季，然而事实并非如此，秋季的降水 pH(4.79)略高于春季降水 pH(4.56)，这进一步表明两次酸雨都可能是局地污染物的排放所形成。

2.2.3.3 “假日效应”的影响

对于气象要素和污染物产生“周末效应”的原因，国内外不少学者认为(Lough et al.，2006；段春峰 等，2012)，人们规律性的生活方式可能是导致污染物浓度产生这种周期变化的原因。统计 2017 年降水样本在工作日(星期二、星期三、星期四、星期五)和周末(星期六、星期日、星期一)的差异，发现工作日的平均样本数和酸雨次数明显高于周末(图 2.12)。其中，周三的降水样本最多，周一到周二降水样本最少，而酸雨的出现频率在周四最高，为 61.5%，其次是周日 46.1%，周六出现酸雨的频率最低，强酸雨因样本数太少，未出现明显周期特征。统计中还发现，南京全年共出现了 13 次连续 3 d 以上阴雨过程，4 次是连续酸雨过程，分别出现在元旦至周末(1 月 4—7 日)、清明(4 月 4—10 日)、周一至周三(8 月 7—9 日)及国庆黄金周(9 月 30 日—10 月 5 日)前后，综合分析发现出现强酸雨的连阴雨天气，均与较长假期关联，说明“长假”期间机动车出行对酸雨形成有影响。

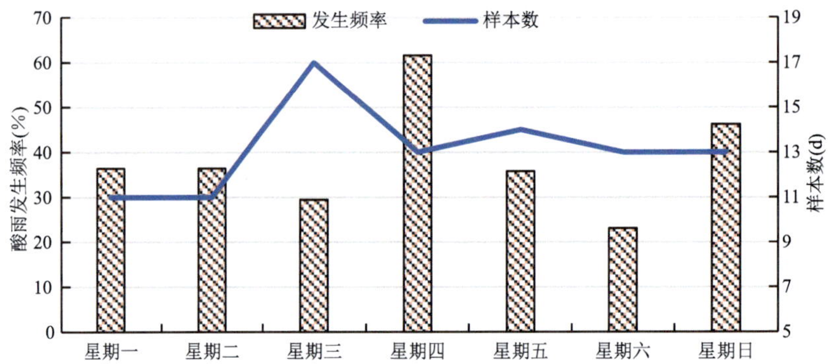

图 2.12　2017 年降水样本的一周分布

2.2.4 结论与讨论

针对 2017 年南京市酸雨监测情况，对 4 次连续酸雨的天气形势、大气中 SO_2、NO_2 浓度和降水 pH 的变化进行了对比分析，着重对几次连续酸雨过程的成因进行诊断。得到以下结论：

(1)2017 年，南京监测到酸雨样本 92 次，年降水 pH 为 4.92，年酸雨发生频率 38%，为五年来最低。秋季酸雨污染最重，其次是春季，夏季则为全年酸雨影响最小的季节，酸雨发生频率为 30%，降水 pH 为 5.36。全年还出现 4 次连续阴雨、伴有酸雨的过程，分属于冬、春、夏、秋四季。除夏季外，连续酸雨过程降水 pH 均低于 5.0，酸性较强。

(2)南京大气中 SO_2 浓度远小于 NO_2，连续酸雨过程中二者与降水 pH 均呈线性负相关。从空间分布看，南京在连续酸雨过程中 SO_2、NO_2 浓度多数时间处于周边(无锡、镇江、常州)的平均状态，仅有 5 d 的 NO_2 浓度是区域最高。然而，同步的降水 pH 却在多数时间低于周边地区，且出现强酸雨。

(3)4 次连续酸雨过程在天气背景上具有一定的共性，即每次过程均表现为高空 500 hPa

环流平直且多低槽活动，低层 850 hPa 伴随切变线长时间维持，较好的高低空系统的垂直配置为连阴雨发生提供了有利的环境条件。

(4)2017 年，南京强酸雨形成不仅受本地排放影响，而且与外来污染物质输送有关。其中，1 月 4—7 日的酸雨过程主要是外来源影响，4 月 4—10 日和 9 月 30 日—10 月 5 日这两次过程则主要是本地排放影响。此外，3 次酸雨过程均发生在长假期间或过后，氮氧化物等污染气体“假日效应”也可能是强酸雨形成的原因之一。

第 3 章 酸雨潜势预报技术方法

研究(王文兴 等,1993;刘奇俊 等,1993;董蕙青 等,2005;黄巧明,2009;陈宗娇,2014)表明,酸雨的形成受多种因素影响,最直接的原因是酸性颗粒物的排放,其次还有一些较为复杂的其他影响因素,如:酸性污染物的迁移和扩散、土壤性质、大气中的氨、粉尘颗粒以及气象条件等。本章在探究酸雨的气象成因及气象因子对其影响的可预报基础上,尝试采用本地污染物含量和前期气象条件进行酸雨潜势预报研究,期望从理论和方法上为酸雨预报预测提供技术思路。

3.1 数据来源和方法

所用的逐日高空风速风向、地面风速风向、降水量及降水 pH 数据均来自南京市气象站(江宁区),时间序列为 1992—2021 年。环境监测数据来自南京市生态环境局,资料年限 2002—2021 年,要素为逐日 SO_2、NO_2、PM_{10}、$PM_{2.5}$浓度(单位:$\mu g/m^3$)。6 个监测点分别为草场门、中华门、山西路、瑞金路、玄武湖、迈皋桥。

本章采用的技术方法主要有年代际分析、相关分析。

3.2 酸性污染物与降水 pH

3.2.1 SO_2 和 NO_2 浓度年变化特征

近年来,随着城市机动车数量的增加,我国酸雨正从硫酸型转成硫酸/硝酸混合型,空气中 SO_2 和 NO_x浓度的增加是形成区域酸雨的主要原因。根据南京市 6 个环境监测站监测资料分析(图 3.1 为市区 6 站的年平均)可见,2002—2005 年,南京市空气中 SO_2 和 NO_2 浓度逐年

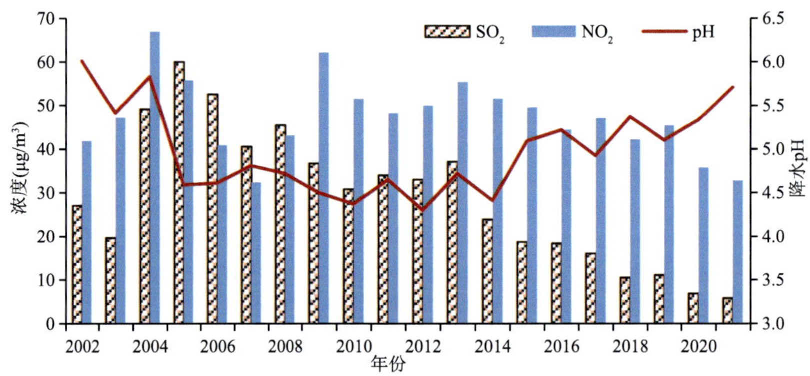

图 3.1 2002—2021 年南京市平均 SO_2、NO_2 浓度和降水 pH 的逐年变化

增加，且 NO_2 浓度高于 SO_2，至 2006 年二者浓度几乎为 2002 年的一倍；其中，2005—2006 年，SO_2 浓度高于 NO_2，劣于国家二级标准《环境空气质量标准》(GB 3095—2012)；2008 年以后，SO_2 和 NO_2 浓度均有不同程度的下降，NO_2 浓度逐渐高于 SO_2，优于国家二级标准。说明近年来，南京市空气质量良好，SO_2 浓度下降幅度更明显，酸雨成分转为以硝酸/硫酸型为主。

对 2002 年以来的南京市逐年大气平均 SO_2、NO_2 浓度和年降水 pH 进行相关分析，发现二者与降水 pH 总体呈线性负相关($r_{SO_2}=-0.40954$；$r_{NO_2}=-0.23823$)，其中 2002—2005 年呈负相关，2006—2013 年变化趋势不明显，到 2014—2021 年，负相关系数迅速提升($r_{SO_2}=-0.84773$；$r_{NO_2}=-0.86446$)，超过 $\alpha_{0.01}=0.79768$ 的显著性水平。可见，2014 年以后，随着大气中 SO_2、NO_2 平均浓度的逐年下降，年降水 pH 波动上升，降水酸度逐年减弱。

3.2.2 可吸入颗粒物浓度年变化特征

根据南京市年大气平均 PM_{10}、$PM_{2.5}$ 浓度的变化(图 3.2)可知，2002—2021 年大气 PM_{10} 浓度呈下降趋势，中间略有波动。其中，2002—2008 年，PM_{10} 浓度在 80～150 μg/m^3，仅 2008 年的年平均 PM_{10} 浓度低于 100 μg/m^3(国家二级标准)，其他年份都超过国家标准；2009—2013 年，略有波动上升，2013 年达到历史次高值；之后，南京年大气平均 $PM_{2.5}$ 和 PM_{10} 浓度开始逐年下降，从 2014 年起均低于国家二级标准，且 PM_{10} 浓度一直高于 $PM_{2.5}$。对比同期南京市年降水 pH 发现，基本也呈先降后缓慢上升趋势，尤其是 2013 年后年 PM_{10} 和 $PM_{2.5}$ 的浓度与降水 pH 呈明显的负相关(表 3.1)，稳定通过 $\alpha_{0.01}=0.76459$ 的显著性水平。南京地区大气颗粒物的主要成分为建筑灰尘、工业粉尘、土壤尘及汽车尾气等(黄辉军 等，2007)，近年来，随着环境治理工作的加强，在工业粉尘等酸性大气颗粒物排放减少的同时，可中和酸雨的土壤扬尘和沙尘粒子等碱性物质也相应减少，但氮氧化物(如 NO_2)浓度仍保持较高水平(图 3.1)。因此，在 2005—2014 年年降水 pH 一直保持较低水平(pH<5.0)，2014 以后，年降水 pH 才开始上升，降水酸性总体减弱，但南京地区仍会出现短时强酸雨。

表 3.1 2013—2021 年南京市大气 PM_{10}、$PM_{2.5}$ 浓度和降水 pH 相关系数

	年大气 PM_{10} 浓度	年大气 $PM_{2.5}$ 浓度	年降水 pH
年大气 PM_{10} 浓度	1		
年大气 $PM_{2.5}$ 浓度	0.99188	1	
年降水 pH	−0.84239	−0.85878	1

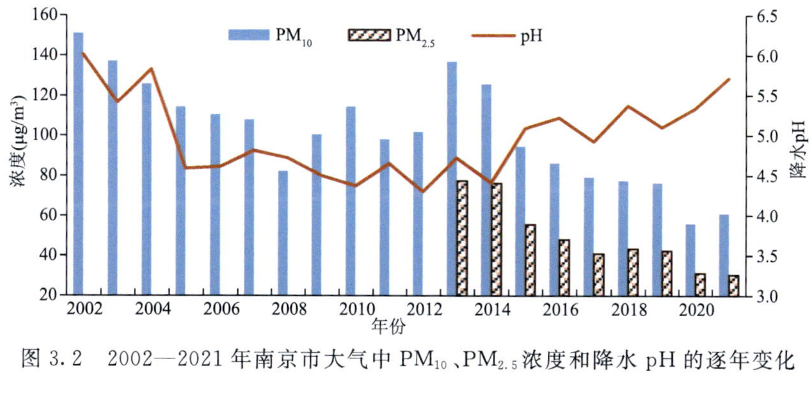

图 3.2 2002—2021 年南京市大气中 PM_{10}、$PM_{2.5}$ 浓度和降水 pH 的逐年变化

3.3 潜势预报方法

污染物浓度和气象因子对酸雨的出现起着很大的作用。本节从这两面着手，深入研究酸雨发生的主要影响因子，挖掘酸雨发生的潜在可能性（王文兴 等，1993；杨乐苏 等，2005；黄海洪 等，2006；郑凤琴 等，2006），设计预报业务流程，进行业务检验。

3.3.1 污染物因子筛选

统计酸雨发生当天降水 pH 及对应的大气中 SO_2、NO_2、PM_{10}浓度资料发现，酸雨发生当天所对应的酸性污染物的排放量并不大，因此，利用前一天的污染物浓度或前三天平均污染物浓度来预报第二天是否会产生酸雨。为此，整理了 2003—2005 年南京地区发生酸雨的前一天和前三天平均污染物 NO_2、SO_2、PM_{10}的浓度，并进行组合对比分析，发现在发生酸雨的前一天和前三天平均污染物浓度均具有一定规律性。其中，

前一天：NO_2 的浓度≥40 μg/m^3，PM_{10}的浓度＋NO_2 的浓度≥85 μg/m^3，SO_2 的浓度＋NO_2 的浓度≥80 μg/m^3。

前三天平均：NO_2 的浓度≥40 μg/m^3，PM_{10}的浓度＋NO_2 的浓度≥100 μg/m^3，SO_2 的浓度＋NO_2 的浓度≥60 μg/m^3。

3.3.2 气象因子筛选

根据对酸雨的研究发现，酸性颗粒物离开发生源向外扩散时，气象条件是最重要的影响因子。而影响大气扩散能力的气象条件主要有两方面，一为动力因子，主要是指风和湍流；另一为热力因子，主要指大气的温度层结及大气稳定度。

3.3.2.1 风与酸雨

一般来说，污染物在大气中的浓度与污染物的总排放量成正比，而与平均风速成反比（董蕙青 等，2005；陈伯通 等，2006）。若风速增加一倍，则在下风向污染物的浓度将减少一半。统计 2014 年南京地区发生酸雨时当日和前一日的 850 hPa 的风向及风速发现，南京地区产生酸雨时的主导风向以西南风为主，其次是东南风，其他风向很少，西南风和东南风条件下酸雨个例占总数的 85%以上，偏北方向酸雨发生频率较低，且产生酸雨的风向季节间没有明显变化（图 3.3、图 3.4）。高空风速与地面降水 pH 基本呈正相关，风速大时，降水 pH 也上升，降水酸性弱，反之，则酸性较强（图 3.5、图 3.6）。850 hPa 风速小于或等于 12.0 m/s 的酸雨个例发生频率较高，同时酸雨发生时中低层风向一般也以东南风和西南风为主，而高空的风向则变化较复杂，各种风向均有。另外，分析酸雨时风向的规律性还发现，这些主导风向也是南京地区出现降水时的主导风向。因此，分析南京地区能否产生酸雨时的天气系统也相当重要，特别是低层的影响系统。

3.3.2.2 逆温层与酸雨

温度层结决定着大气的稳定度，而大气的稳定程度又影响着湍流的强度。因此，温度层结与大气污染可能有十分密切的联系（胡倬，1983）。特别是当逆温出现时，不利于空气上下流通，大气污染物在近地层空气中堆积，而这时若出现降水，冲刷作用导致降水酸性增强的可能

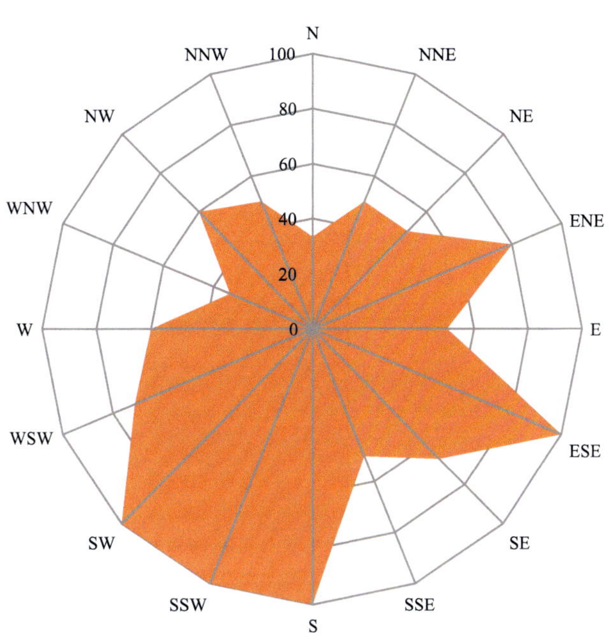

图 3.3　2014 年南京发生酸雨前一日的风向频率

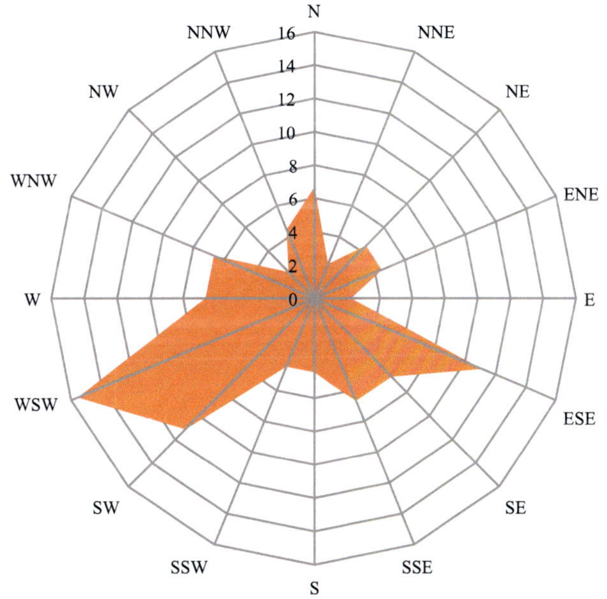

图 3.4　2014 年南京发生酸雨当日的风向频率

性极大。分析 2003—2005 年夏半年降雨过程中 08 时和 20 时的南京站的温度层结情况发现，90%酸雨个例发生时 900 hPa 以下都出现了逆温层。而 2020 年出现酸雨的 47 次降水样本中，有 32 个样本在降水前或降水时 850 hPa 以下出现逆温层，占比 68.1%；15 个样本中 850 hPa以下没有逆温层，占比 31.9%。在 52 次非酸雨降水中，24 个样本出现逆温层，占比 46.2%；其余 28 个样本未出现逆温层，占比 53.8%。在所有 99 次降水中，逆温层出现了 56 次，其中酸雨 32 次，非酸雨 24 次，酸雨频次略多于非酸雨；无逆温层降水事件有 43 次，但酸雨

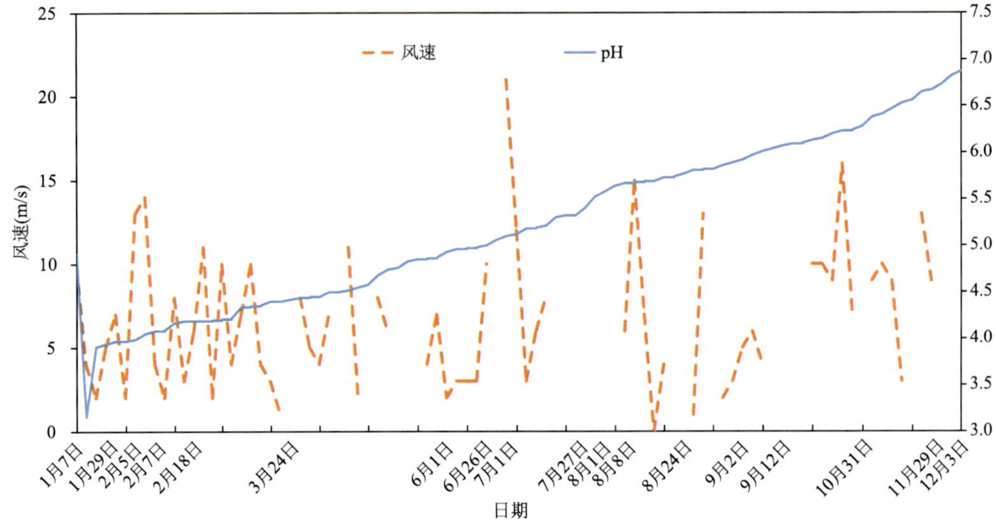

图 3.5　2014 年南京降水当日高空风速对应的降水 pH

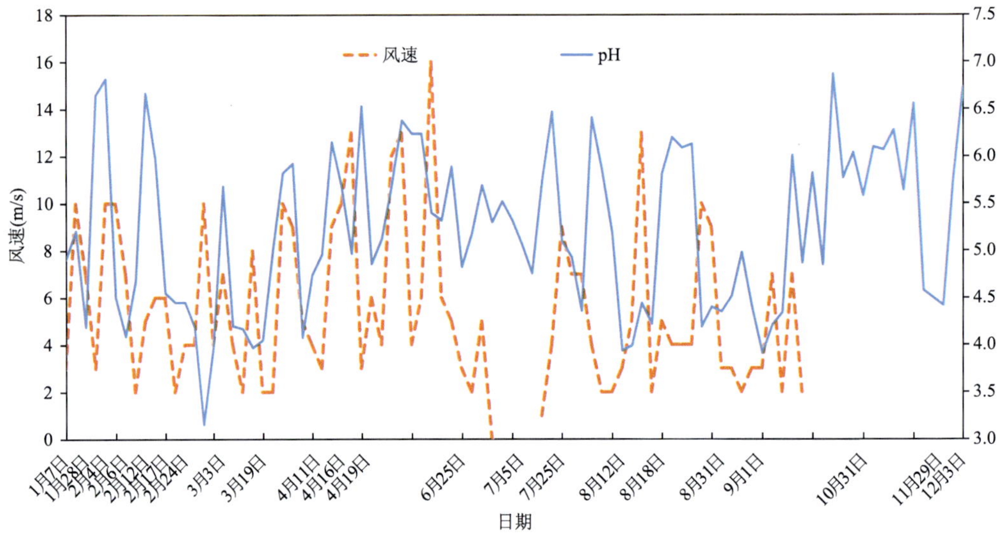

图 3.6　2014 年南京降水前一日高空风速对应的降水 pH

只有 15 次，非酸雨达 28 次，酸雨频次远低于非酸雨(表 3.2)。可见逆温层有利于酸雨的形成，其机制可解释为逆温层使得氮氧化物等污染物在对流层低层聚集，浓度上升。

表 3.2　2020 年南京市降水事件中逆温层频次分布

850 hPa	有逆温层	无逆温层
酸雨	32	15
非酸雨	24	28

气团指数(K 指数)可用来判别局地大气垂直稳定度变化情况(刘靖楠，2019)。表 3.3 统计了南京市 2018 年逐日临近时次的 K 指数和相应的降水 pH，由表可见，随着 K 指数增大，大气层结越不稳定，降水增多，降水 pH 也升高。再次证明，稳定的大气层结有利于本地酸雨的出现。

表 3.3　2018 年南京市降水 pH 与平均 K 指数对比结果

样本数	14	33	45
平均 K 指数	16	19.9	25.6
平均降水 pH	<5.0	$[5.0,5.6)$	$\geqslant 5.6$

3.3.3　潜势预报因子

利用前一天的污染物浓度和前三天平均污染物浓度来预报第二天的酸雨，其中，前一天：NO_2 的浓度$\geqslant$40 μg/m^3，PM_{10}的浓度＋NO_2 的浓度$\geqslant$85 μg/m^3，SO_2 的浓度＋NO_2 的浓度$\geqslant$80 μg/m^3，这些条件中除了 SO_2 的浓度＋NO_2 的浓度$\geqslant$80 μg/m^3 通过率稍低，其他都比较高，在 85%以上。前三天平均：NO_2 的浓度$\geqslant$40 μg/m^3，PM_{10}的浓度＋NO_2 的浓度$\geqslant$100 μg/m^3，SO_2 的浓度＋NO_2 的浓度$\geqslant$60 μg/m^3 用于预报的准确率分别为 95%、79%和 89%，略低于前一天。在预报分析中发现，虽然前三天平均的因子用于预报准确率也较高，但是，在前一天污染物预报因子的基础上再引入前三天平均污染物浓度来进行酸雨的预报，预报效果并没有大的改进。因此，进行酸雨潜势预报时，选择前一天污染物浓度作为预报因子。

3.3.4　预报流程

根据以上颗粒物浓度和气象因子分析过程，结合预报业务制定了酸雨预报流程(图 3.7)。

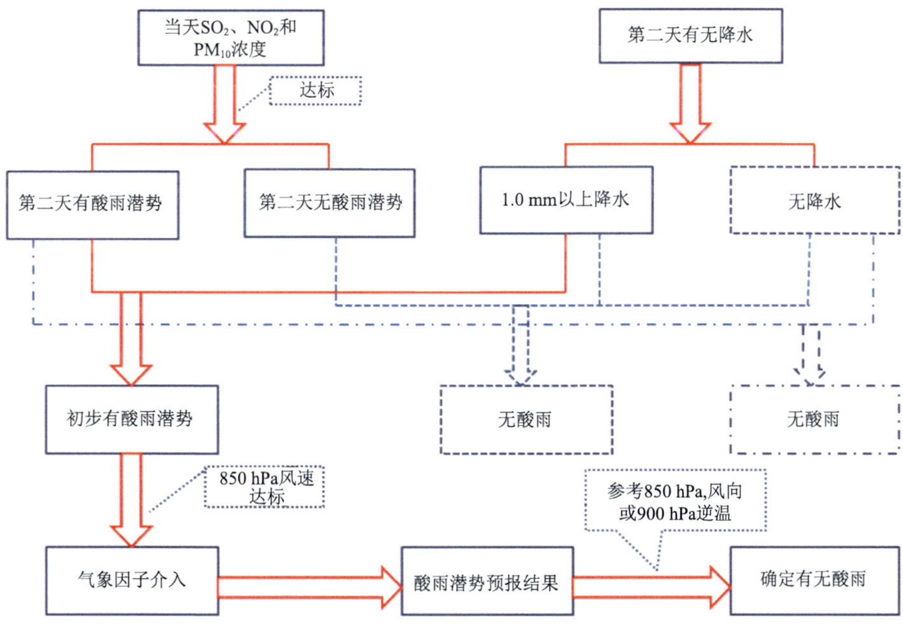

图 3.7　酸雨潜势预报业务流程

3.4　预报结果检验

为验证酸雨潜势预报方法的准确率，对 2005 年历次降水过程进行了检验，结果如表 3.4

所示。仅利用前一天污染物浓度限制条件来预报酸雨时，*TS* 评分：58%，预报准确率：60%，酸雨的漏报也比较低，一年内仅有 4 次酸雨漏报，但空报的概率比较大，为 40%。

在进行酸雨预报时除了考虑降水天气形势外，根据上文的酸雨成因分析结果还应考虑其他气象因子，如风速、风向、温度层结和前一天 850 hPa 上温度露点差等。因高空低风速不利于污染物扩散最易出现酸雨，因此，首先将 850 hPa 风速≤12 m/s 作为气象因子引入预报，检验效果显示高空风速的介入对预报效果有较明显改进，酸雨的预报准确率和 *TS* 评分都有提高，分别从 60%、58%提高到 64%、61%；空报率也下降，从 40%下降到 30%；漏报率均较低。其次，统计了有酸雨潜势当日的 850 hPa 风向和当日的温度层结，发现在南京地区有酸雨潜势时 850 hPa 风向偏南风占 72%，900 hPa 以下出现逆温占 70%，这两个气象因子也是酸雨预报参考的重要因子，经预报检验准确率提高并不明显。

因此，利用前一天污染物浓度和气象因子控制：NO_2 的浓度≥40 μg/m^3，PM_{10} 的浓度＋NO_2 的浓度≥85 μg/m^3，SO_2 的浓度＋NO_2 的浓度≥80 μg/m^3，850 hPa 风速≤12 m/s 及降水预报，可以判别当天发生酸雨的潜势。其预报检验结果较好，具有一定的实用性。

表 3.4　不同因子引入酸雨预报流程后的检验结果(2005 年)

	只考虑污染物浓度	加入气象因子
预报准确率	60%	64%
有无准确率	71%	
空报率	40%	30%
漏报率	4%	
TS 评分	58%	61%

3.5　结论与讨论

江苏酸雨具有明显的地域差异，这与各地经济发展、污染物、气候特点、土壤酸碱度等都有一定的关系。本章根据对南京市历年大气污染物浓度和酸雨监测数据分析，提出了一套较为实用的酸雨潜势预报方法，具体结论如下：

(1)南京酸雨的发生具有一定的趋势特征。2002 年起，随着污染加重，降水酸性有增强趋势，至 2005 年降水 pH 达到较低水平，之后一直维持到 2014 年，2015 年以后污染状况得到改善，降水酸性减弱，pH 又开始逐渐升高。

(2)分析 2002—2021 年南京市逐年大气 SO_2、NO_2、$PM_{2.5}$、PM_{10} 浓度的年均值可见，SO_2、NO_2 浓度呈现先升后降的过程，2008 年以后优于国家二级标准；而 $PM_{2.5}$、PM_{10} 浓度则呈逐年下降趋势，2015 年以后均优于国家标准。

(3)利用前一天污染物浓度和气象因子控制：NO_2 的浓度≥40 μg/m^3，PM_{10} 的浓度＋NO_2 的浓度≥85 μg/m^3，SO_2 的浓度＋NO_2 的浓度≥80 μg/m^3，850 hPa 风速≤12 m/s 及降水预报，可以判别当天发生酸雨的潜势。其预报检验结果较好，具有一定的实用性。

当然，在分析中还发现，2013 年以后大气中 $PM_{2.5}$ 浓度也与降水 pH 关系较为密切，甚至优于同步 PM_{10} 浓度与降水 pH 的关系。而本章由于在开展潜势预报技术研究时南京尚未有完整的 $PM_{2.5}$ 监测数据，因此，有关其对酸雨潜势预报的贡献还需进一步研究。

第 4 章　江苏省酸雨风险评估技术研究

有关酸雨的科学研究多集中于机理形成、传输、数值模拟、防控方法以及生态影响等方面(刑廷铣，2002；刘金祥 等，2005；徐梅 等，2005；吴丹 等，2006；赵艳霞 等，2008)。其中，以酸雨成因分析、生物影响模拟研究等最受关注，有关酸雨风险评估研究则是空白，究其原因主要是酸雨监测站点稀少、数据时间序列过短，这严重制约着常规评估方法的准确性和可靠性。信息扩散作为模糊信息处理中一种不完备信息的优化方法(黄崇福，1992)，先后被许多学者引入地震风险评估、水文预测、气象灾害风险评估、火险风险评估等多个领域(汪雪泉 等，2004；张丽娟 等，2009；杜晓燕 等，2009；林晶 等，2011；庞西磊 等，2012；王伟丽 等，2015)，均体现出较好的科学应用效果。本章尝试使用江苏省现有 24 个酸雨监测站 2008—2021 年的监测资料，基于信息扩散理论对江苏省酸雨发生进行风险评估，有望客观地反映研究区酸雨发生趋势的分布状况，为酸雨防控减排提供理论依据；又以大豆为例，利用相关分析提取其对酸雨敏感的生育期，基于敏感生育期的降水 pH 和大豆损失率构建灾损风险评估模型，进而开展淮北地区大豆产量因酸雨损失的风险评估。

4.1　基于信息扩散理论的酸雨风险评估

4.1.1　资料来源

所用酸雨资料为 2008—2021 年江苏省 24 个酸雨监测站的所有样本；1∶25 万基础地理信息数据来自于国家测绘地理信息局。使用年降水平均 pH、酸雨发生频率进行风险评估分析。

4.1.2　评估方法

采用信息扩散理论，对现有资料进行模糊扩散和插值映射，可实现有限数据向邻近区域扩散的概率插值。该方法可将单值样本转换成集值样本，常用模型为正态扩散模型。

单值观测样本

$$Y_j=\{y_1,y_2,\cdots,y_m\} \tag{4.1}$$

设指标离散论域为

$$u_i=\{u_1,u_2,\cdots,u_n\} \tag{4.2}$$

式中，u_1,u_2 为控制点。按照公式(4.3)，一个观测样本 y_j 可以将其所携带的信息扩散给 u_i 中的所有点。

$$f_j(u_i)=\frac{1}{h\sqrt{2\pi}}\exp\left[-\frac{(y_j-u_i)^2}{2h^2}\right] \tag{4.3}$$

式中，h 为扩散系数，可根据样本集合中样本的最大值 b、最小值 a 和样本个数 m 来确定。$h=0.5690(b-a)$。

将观测样本 y_j 变成一个以 $\mu_{y_j}(u_i)$ 为隶属函数的模糊集。令

$$C_j = \sum_{n=1}^{N} f_j(u_i) \tag{4.4}$$

相应的模糊子集隶属函数为：

$$\mu_{y_j}(u_i) = f_j(u_i)/C_j \tag{4.5}$$

对 $\mu_{y_j}(u_i)$ 处理：

$$q(u_i) = \sum_{j=1}^{m} \mu_{y_j}(u_i) \tag{4.6}$$

$q(u_i)$ 为观测值为 u_i 的样本个数，通常不是一个正整数，但一定是大于(或等于)0 的数。

再令

$$Q = \sum_{i=1}^{n} q(u_i) \tag{4.7}$$

Q 即为各 u_i 点上的样本总和。

$$p(u_i) = Q(u_i)/Q \tag{4.8}$$

为样本点落在 u_i 处的频率值，可以作为概率估计。

超越 u_i 的概率：

$$P(u > u_i) = \sum_{i}^{n} p(u_i) \tag{4.9}$$

$P(u>u_i)$ 即为所求的风险估计值。

根据 pH 的变化范围和酸雨发生频率的大小划分等级，取降水 pH 的离散论域 $u_i=\{0, 4.0, 4.5, 5.0, 5.6, 7.0\}$，取酸雨发生频率的离散论域为 $u_i=\{0, 20, 40, 60, 80, 100\}$。按照式(4.3)、式(4.4)、式(4.5)进行计算，得出降水 pH 和酸雨发生频率的归一化信息分布 $\mu_{y_j}(u_i)$，然后根据式(4.6)、式(4.7)、式(4.8)、式(4.9)计算得出各风险水平降水 pH 和酸雨发生频率的风险估计值。

4.1.3　酸雨风险评估

基于信息扩散理论，根据江苏酸雨的发生频率和年降水 pH 的不同离散论域，计算出各风险水平下的风险估计值，利用 ArcGIS 制成风险分布图进行讨论。

4.1.3.1　年降水 pH

统计历年的年降水 pH 发现，除高邮 2008 年、2009 年和 2010 年外，江苏各站多在 4.0 以上，发生频率接近 100%。从图 4.1～图 4.3 的风险估计值分析发现：年降水 pH≥4.5 在江苏西北部、盐城以及常州等地的风险值大于 0.95，接近 1.0；苏州、南通、扬州、南京以及灌云的风险值较小，在 0.83～0.9，其他大部分地区在 0.9～0.95；年降水 pH≥5.0 在淮北地区、江淮之间东部和常州地区发生风险值大于 0.8、局部超过 0.9，江淮之间西部和沿江、苏南部分地区发生风险值在 0.7～0.8，而南京、苏州和南通南部地区的风险值小于 0.6；年降水 pH≥5.6 在沿淮、淮北地区和溧阳附近的风险值大于 0.5，非酸性降水风险值高，而其他地区包括淮河以南大部分地区和灌南的年降水 pH≥5.6 的风险值小于 0.5，说明江苏省淮河以南大部分地区年

降水 pH 低于 5.6 的可能性较大，偏酸性降水风险高。然而，对于溧阳站而言，由于统计时段的年降水 pH 都在 4.9～5.6，年际间波动最小，样本落在 5.6 附近的频率高达 85%。因此，虽然溧阳年降水一直处于弱酸性，但非酸性风险却是全省最高。

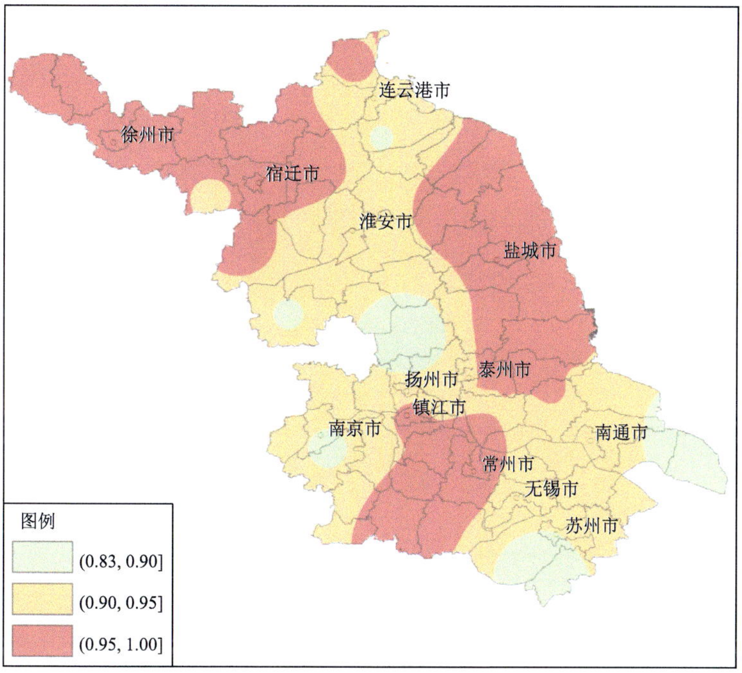

图 4.1　江苏省年降水 pH≥4.5 的风险分布

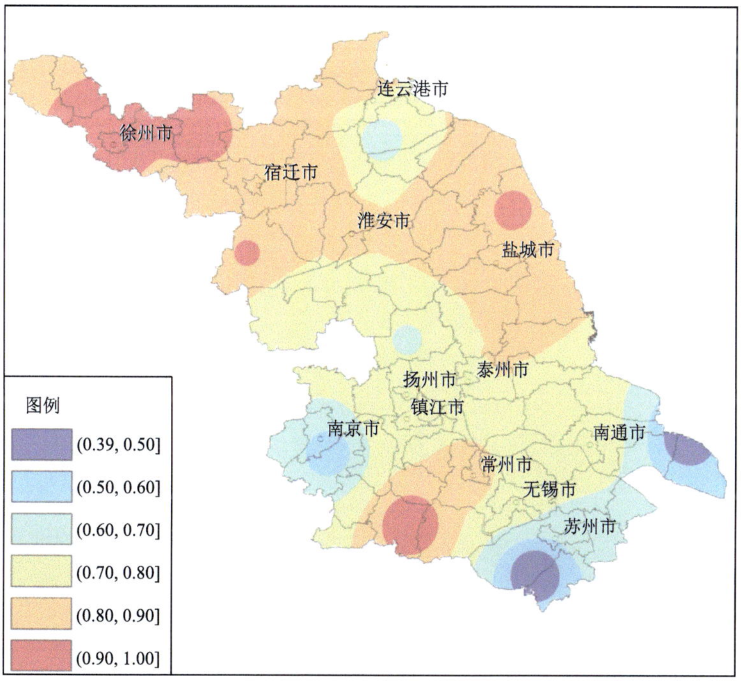

图 4.2　江苏省年降水 pH≥5.0 的风险分布

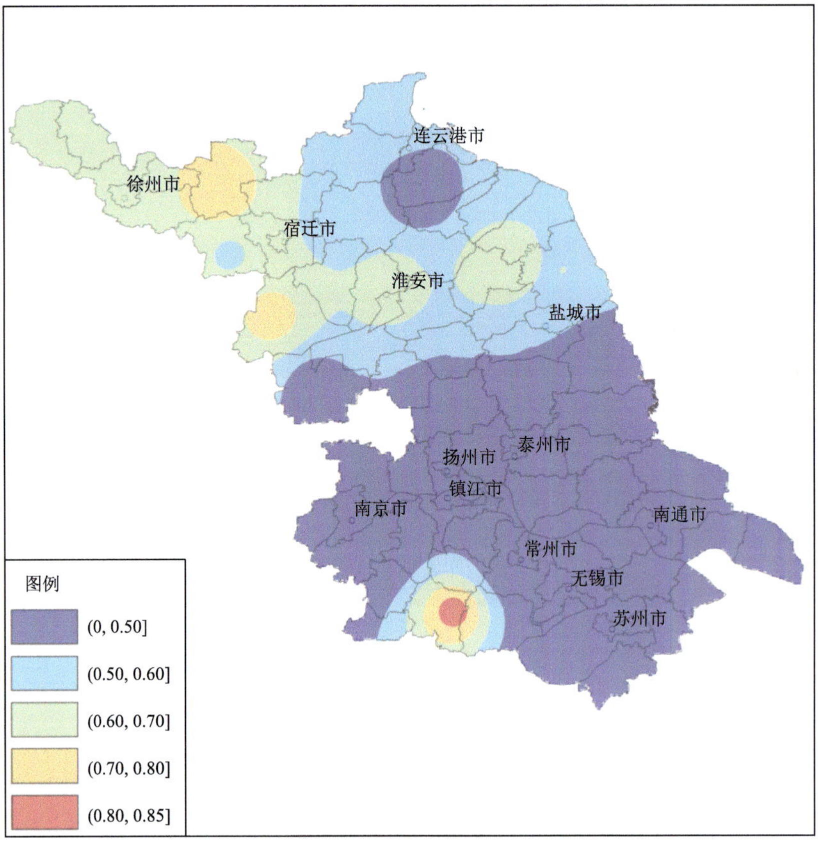

图 4.3　江苏省年降水 pH≥5.6 的风险分布

4.1.3.2　年酸雨发生频率

由图 4.4～图 4.7 中可见，江苏酸雨年发生频率由西北向东南逐渐增加，淮河以南地区酸雨发生频率≥20％的风险值大于 0.8，其中苏南地区和江淮之间东部地区的风险值超过 0.9，接近 1.0。当酸雨发生频率≥40％时，苏南西部和江淮东部沿海地区风险最高，大于 0.8，即该地区年酸雨发生频率大于 40％的可能性超过 80％，也可认为该区域每年酸雨发生频率都在 40％以上；对于同等风险水平的沿淮地区，酸雨发生频率 40％以上的风险值为 0.5～0.7，基本上两年出现一次；淮北地区酸雨风险值最低，小于 0.5。当酸雨发生频率≥60％时，风险值超过 0.5 的地区在沿江和苏南地区，其中常州、苏州和吕泗超过 0.8。当酸雨发生频率≥80％时，只有常州和东山的风险值大于 0.6，长江以北大部分地区低于 0.2，其他地区在 0.2～0.5。

对比同一地区在不同风险水平下酸雨发生概率发现，苏南地区在不同风险水平下发生概率都最高，而淮北地区则一直保持最低。

4.1.4　结论与讨论

(1)通过对年降水 pH 的 0、4.0、4.5、5.0、5.6、7.0 这 6 个风险水平分析，发现江苏年降水 pH 普遍在 4.0 以上，其中 80％的年份可能在 4.5～5.6，淮河以南地区年降水多呈弱酸性。从空间分布看，徐州、淮安、盐城以及溧阳的高 pH 降水的风险高，其他地区尤其是淮河以南地区

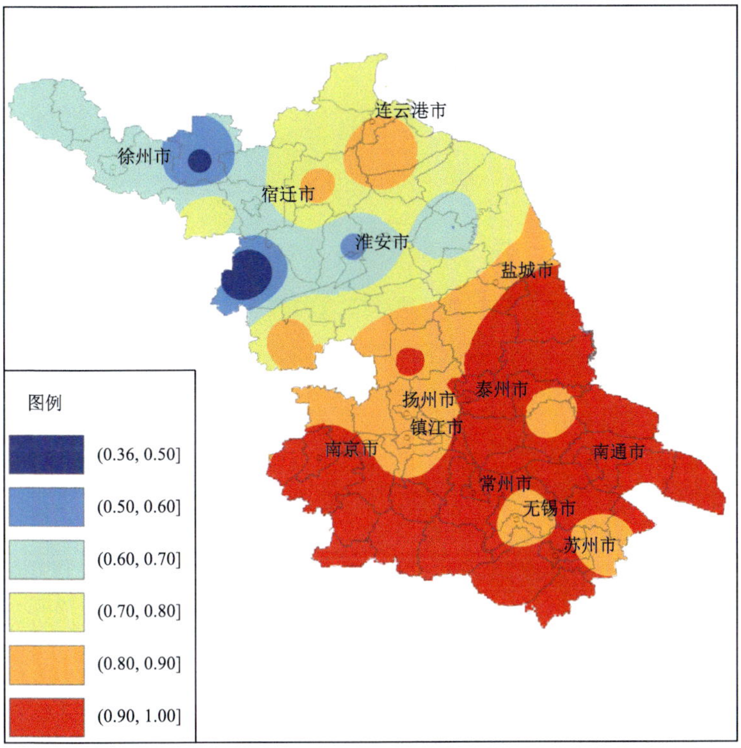

图 4.4　江苏省年酸雨发生频率≥20%的风险分布

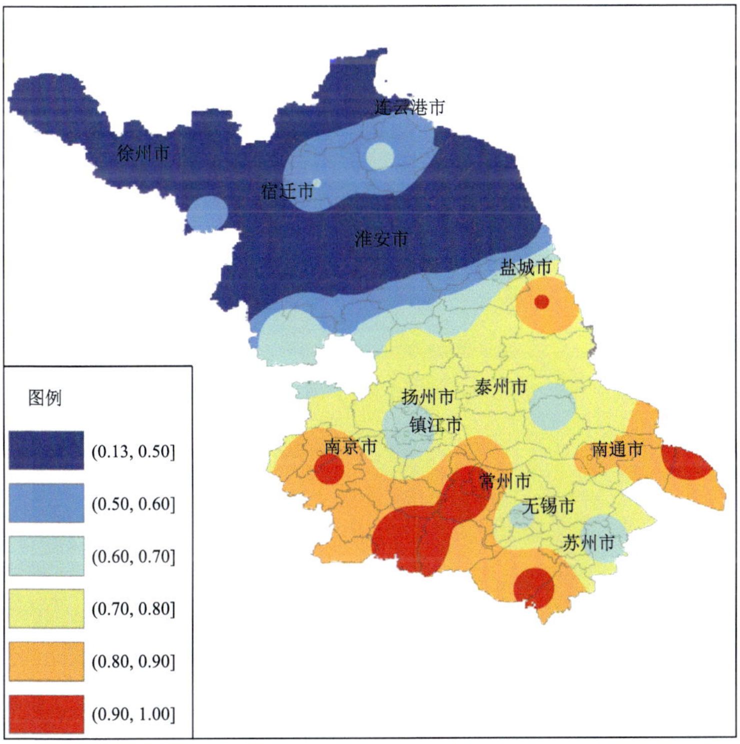

图 4.5　江苏省年酸雨发生频率≥40%的风险分布

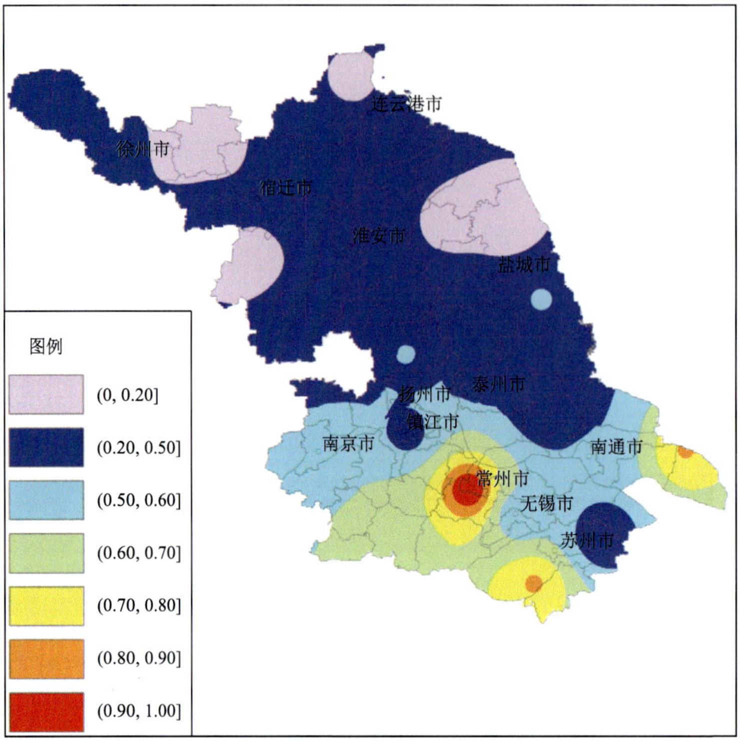

图 4.6　江苏省年酸雨发生频率≥60%的风险分布

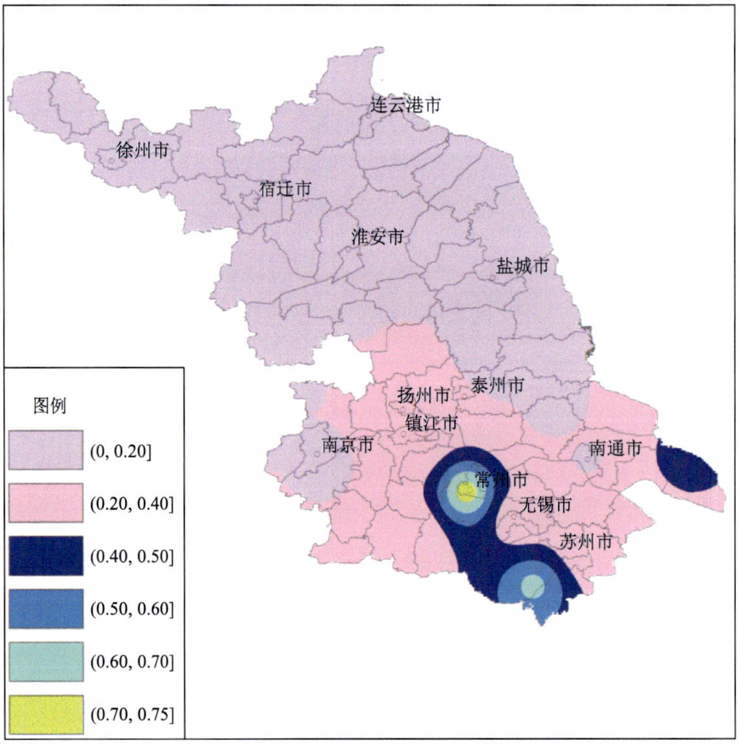

图 4.7　江苏省年酸雨发生频率≥80%的风险分布

的低 pH 降水的风险高，降水酸度相对强。

(2)对酸雨发生频率的 0%、20%、40%、60%、80%、100%这 6 个风险水平分析，发现除淮北西部外，其他地区酸雨发生频率≥20%以上风险值大于 0.9，淮河以南地区酸雨发生频率≥40%的风险在 0.6 以上，常州、苏州地区酸雨发生频率≥80%的风险值大于 0.6，长江以北大部分地区低于 0.2，其他地区在 0.2～0.5。可见，江苏酸雨发生的风险水平呈西北至东南递增。

(3)采用正态信息扩散法对江苏酸雨发生风险进行粗略估计，大部分结果与实际监测情况相符。但是，当遇到数据较为聚集条件下，如溧阳站，2008 年以来酸雨时有发生，年降水均呈弱酸性，而非酸性风险却是全省最高，这与监测结果相悖。可见，信息扩散法用于酸雨监测数据分析的技术可靠性或者适用性还有待于进一步研究。

4.2　农作物酸雨灾害风险评估

酸雨既是严重的环境问题，也是一种慢性的自然灾害。酸雨可对农业生态环境和农作物产量产生严重影响，并带来巨大的经济损失。研究表明，酸雨对多种农作物的产量都有明显影响，不同 pH 的酸雨对农作物产量的影响也不同(刘连贵 等，1996；刑廷铣，2002；岳宏，2012)。一般情况下，降水 pH 越低，对产量的影响也就越大，当然，相同降水 pH 的环境下，不同作物对酸雨的反应也不同。本节以淮北地区大豆为例，采用统计方法取得因酸雨造成的灾损率，构建灾损风险评估模型，得到淮北地区各地大豆受酸雨危害的风险水平，旨在为大豆耐酸雨栽培和选种提供一定的理论依据。

4.2.1　数据来源和研究方法

4.2.1.1　数据来源

所用数据来自淮北地区的 8 个酸雨监测站，包括邳州、徐州、沭阳、赣榆、灌云、睢宁、泗洪、淮安。徐州、淮安资料序列为 1992—2013 年，其余站点资料序列长度为 2007—2013 年；1992—2013 年县级大豆产量数据由江苏省统计局提供，其他各类社会经济发展信息来自《江苏省农村统计年鉴》。

4.2.1.2　研究方法

酸雨造成大豆产量灾损风险的大小与减产率(灾损率)及全生育期酸雨发生的概率有关。若以 R 表示灾损风险强度指数，则表达式为：

$$R=\frac{1}{n}\sum_{i=1}^{n}y_{zi}\times P_i \qquad (i=1,2,\cdots,n) \tag{4.10}$$

式中，n 为酸雨出现年数，y_{zi} 为大豆因酸雨造成的灾损率(公式(7.12))，P_i 为酸雨发生频率。

4.2.2　结果分析

4.2.2.1　生育期内酸雨发生频率

由图 4.8 可见，2007 年以来，淮北地区大豆关键生育期内(结荚至鼓粒期)酸雨发生频率空间分布特征明显，中部睢宁、沭阳和灌云等地最高，超过 50%，南部地区较低，其中，泗洪最低，仅为5.6%。邳州和滨海的酸雨发生频率也明显低于其他地区。从酸雨发生频率的年际变化看，全区大豆生育期内年平均酸雨发生频率呈逐年明显下降趋势（图4.9）。

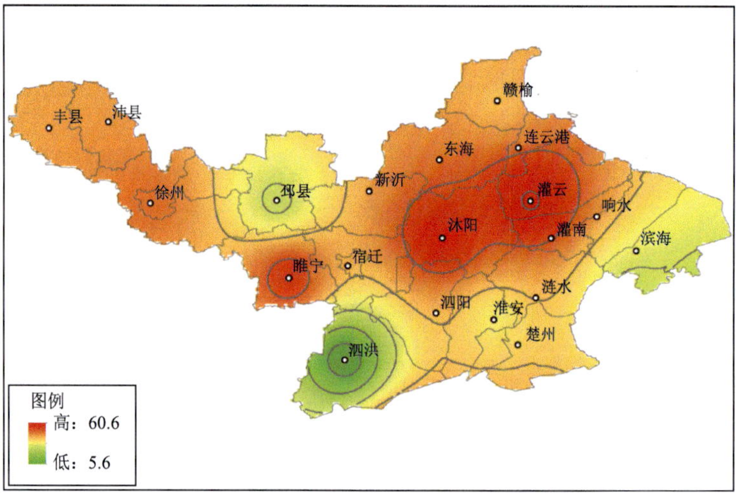

图4.8　淮北地区大豆结荚至鼓粒期酸雨发生频率分布（单位：%）

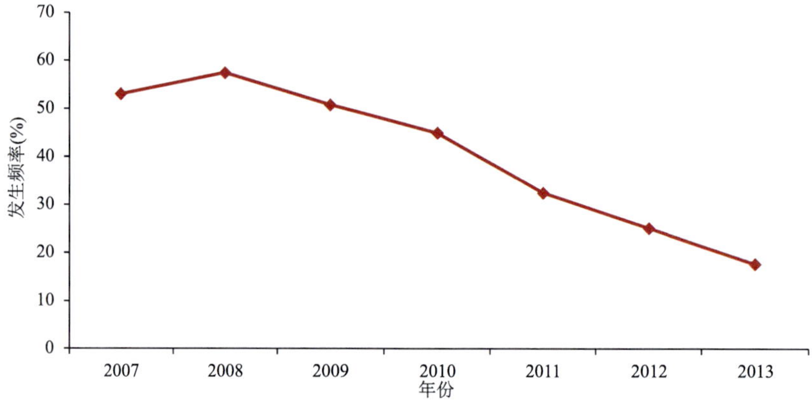

图4.9　淮北地区大豆鼓粒期酸雨发生频率分布

4.2.2.2　灾损风险评估

根据公式(7.12)计算淮北地区全部台站2007年以来大豆的逐年灾损值，利用公式(4.10)求得风险强度指数。基于GIS对风险强度指数进行空间插值，并采用自然断点法将全区划分为高、中、低3个风险等级区（图4.10）。

高风险区主要位于灌云、灌南以及睢宁县，本区在大豆生育期内酸雨发生频率较高，降水pH相对较低，大豆产量因酸雨的损失率可能超过50%；低风险区面积与高风险区相当，分布在淮安市、泗洪以及徐州市附近，酸雨发生频率低，大豆生产受酸雨影响最轻；而淮北其他大部分区域的酸雨影响风险等级为中等，大豆受影响程度介于高低风险等级之间。可见，淮北地区大豆生长受酸雨影响以中等级风险为主，随着酸雨危害趋于减弱，大豆受灾风险也将继续降低。

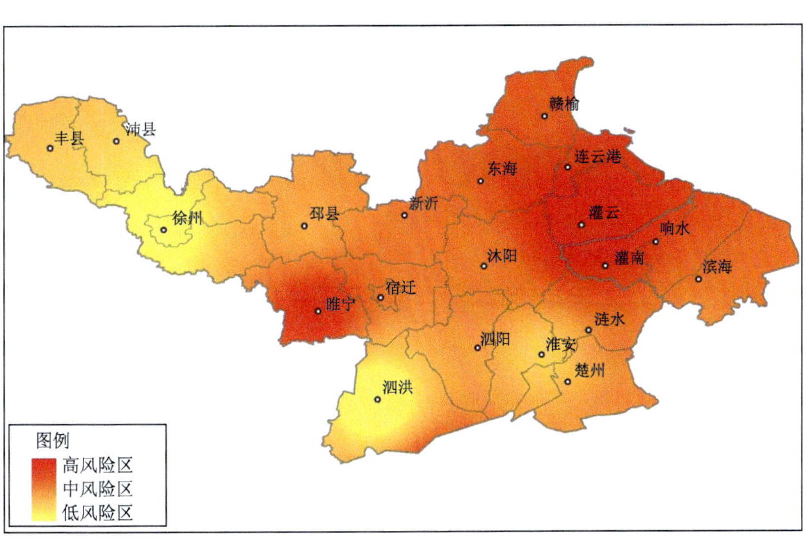

图 4.10　淮北地区大豆生长酸雨风险区划

4.2.3　结论与讨论

本节基于灾损率和酸雨发生频率构建了大豆灾损的风险强度指数模型，将淮北地区大豆生长受酸雨影响的风险分为高、中、低 3 个等级。其中，灌云、灌南以及睢宁县为酸雨影响高风险区，酸雨发生频率和强度是区内最高，包括大豆在内的多种在田作物经常受到酸雨威胁；中等级风险区面积占比最大，包括了淮北大部分地区，酸雨对大豆生长的影响略弱于高等级区；低风险区分布在徐州市、泗洪及淮安市，面积较小，与高风险区相当。随着大气污染状况的改善，淮北地区酸雨发生频率明显下降，酸雨危害减弱，但以中等级风险为主的淮北地区仍不能忽略在酸雨总体减轻过程中出现的反弹现象，需加强监测和防控。为此，在继续推广清洁能源使用、减少工业污染的背景下，有酸雨地区农业生产在考虑作物产量的同时需兼顾抗酸特性，这样才能保证优质高产和可持续发展。

第 5 章　酸雨对作物生理特性的影响

我国开展酸雨研究的时间最早可追溯到 20 世纪二三十年代，当时我国东南部的一些大中城市周围陆续出现了高频率的酸雨，但并未引起人们的重视。直到 20 世纪五六十年代，人们才开始在理论上研究酸沉降(于天仁，1988；丁国安 等，1997)。20 世纪 80 年代起，我国开始了酸雨对生态环境尤其是植物生理的影响研究(杨金宽 等，1988)，众多学者通过试验系统研究了酸雨对农作物、蔬菜、果树等的可见伤害、膜脂过氧化、种子萌发、光合与呼吸、物质代谢等方面的影响(严重玲 等，1995；高吉喜 等，1998；Zhou et al.，2002；童志坚 等，2003；梁骏 等，2008)。

5.1　酸雨对小麦生理特性的影响

以不同抗性小麦品种为材料，分别研究花后不同强度和不同处理时期酸雨对小麦的生理特性、矿质营养代谢的影响，以期阐明酸雨伤害的可能机理，为小麦的抗酸栽培提供理论依据和技术支持。

5.1.1　冬小麦酸雨胁迫试验设计

试验于 2010—2011 年在南京农业大学牌楼试验站进行，供试品种为宁麦 13 和徐麦 31。供试土壤为黄棕壤，自然风干后装盆，播种前与肥料充分混匀，装入高 20 cm、直径 25 cm 的塑料盆中，每盆土重 7 kg，每盆土施用全氮 1.1 g，KH_2PO_4 1.4 g，K_2SO_4 3.5 g，每盆留苗 5 株，其中全氮基追比为 3∶2，追肥于拔节期施用。试验共设 3 个强度的酸雨处理，分别为 pH＝6.0、pH＝4.0、pH＝2.0，以 pH＝6.0 为对照(CK)。抽穗期开始酸雨处理，每次酸雨的喷施量相当于 3 mm 降雨量，喷施频率为 3 d 一次，总喷施次数为 12 次。试验为随机区组设计，4 次重复。开花期选择同一天开花麦穗挂牌标记。于花期、灌浆前期、灌浆后期和成熟期取样，进行相应指标测定。

为了进一步明确不同生育时段发生的酸雨对小麦生长的影响，2012—2013 年在南京农业大学牌楼试验站进行了小麦花后酸雨胁迫盆栽试验。供试品种为宁麦 15 和济宁 12。每盆播种 20 粒，两叶期间苗至 10 株，三叶期间苗至 5 株。开花期选择同一天开花麦穗进行挂牌标记，于开花后 5 d、10 d、15 d、20 d、25 d、30 d、35 d 选生长一致的幼苗，取样进行相关生理指标测定。试验共设 3 个处理：pH＝2.5 的酸雨、pH＝5.6 的酸雨、对照(自来水)。设 3 个喷施时段处理，分别为 T_1：花后 0～4 d；T_2：花后 5～9 d；T_3：15～19 d。每处理 3 次重复，喷施频率为 1 次/d，共喷 5 次，每次酸雨的喷施量相当于 3 mm 降雨量，喷施时间为每日的 16—18 时。为避免降雨影响，于开花前 2 d 在小麦种植区域上方搭起塑料薄膜防雨棚。

5.1.2　酸雨胁迫对冬小麦光合特性的影响

5.1.2.1　不同强度酸雨胁迫对冬小麦光合特性的影响

小麦叶片净光合速率随酸雨 pH 的降低而显著下降。pH＝4.0 酸雨处理的宁麦 13(图 5.1a)在花期、灌浆前期、灌浆后期净光合速率较对照分别下降了 15.6％、19.4％、17.8％，且差异均达显著水平($P<0.05$)；pH＝2.0 的酸雨处理则较对照分别下降了 27.5％、40.4％、43.6％($P<0.05$)。pH＝4.0 酸雨处理的徐麦 31(图 5.1b)在花期、灌浆前期、灌浆后期净光合速率较对照分别下降了 7.5％、12.8％、14.0％，灌浆前期与对照差异显著；pH＝2.0 的酸雨处理较对照分别下降了 28.7％、32.3％、38.3％($P<0.05$)。品种间比较，宁麦 13 受到酸雨胁迫后净光合速率下降幅度大于徐麦 31。

小麦气孔导度随酸雨 pH 的降低而显著下降(图 5.1c,d)。经 pH＝4.0 和 pH＝2.0 的酸雨处理后，两个品种小麦在花期、灌浆前期、灌浆后期气孔导度较对照显著下降($P<0.05$)，且 pH＝4.0 的酸雨处理叶片气孔导度大于 pH＝2.0 的酸雨处理。

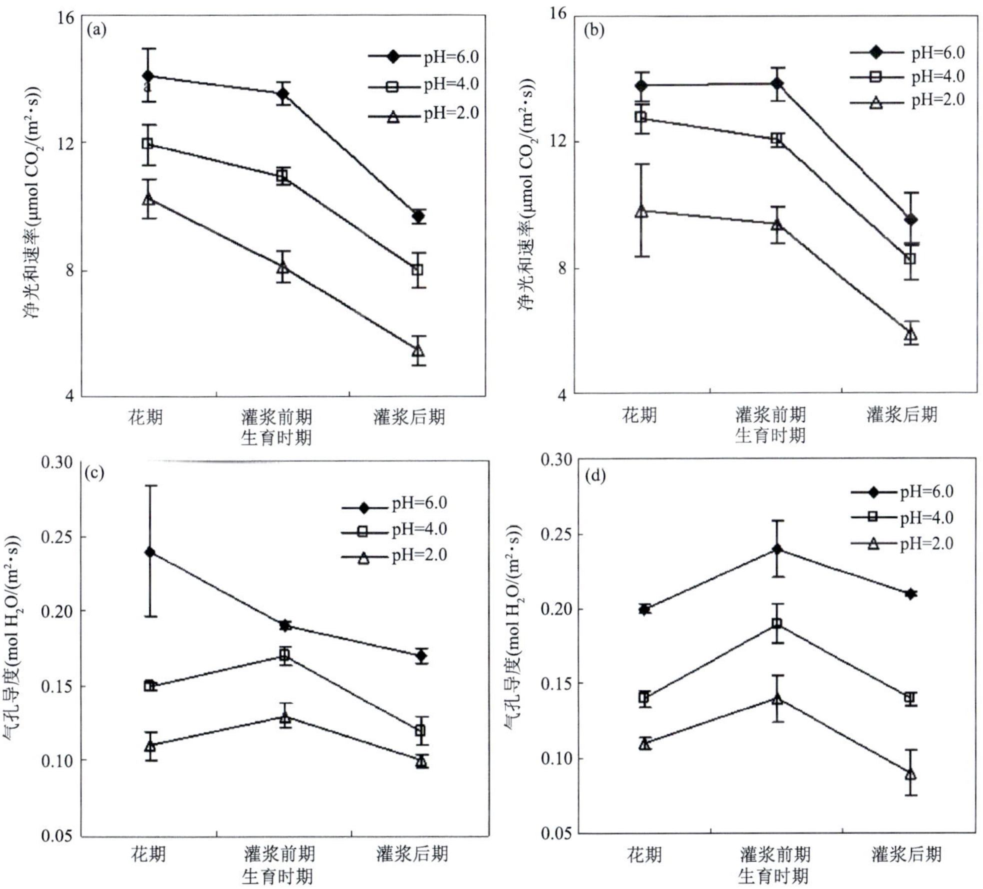

图 5.1　模拟酸雨对宁麦 13(a,c)和徐麦 31(b,d)气孔导度和净光合速率的影响

小麦胞间 CO_2 浓度随酸雨 pH 的降低而显著上升。pH＝4.0 酸雨处理的宁麦 13(图 5.2a)在花期、灌浆前期、灌浆后期胞间 CO_2 浓度较对照分别上升了 1.70％、13.20％、2.91％，

在灌浆前期差异达显著水平。pH＝2.0 的酸雨处理较对照分别上升了 13.06%、21.74%、11.79%($P<0.05$)。pH＝4.0 酸雨处理的徐麦 31(图 5.2b)在花期、灌浆前期、灌浆后期胞间 CO_2 浓度较对照分别上升了 1.74%、7.55%、7.02%，且从灌浆前期开始与对照有显著差异。pH＝2.0 的酸雨处理较对照分别上升了 9.03%、19.94%、15.15%($P<0.05$)。

小麦蒸腾速率随酸雨 pH 的降低而显著下降。pH＝4.0 酸雨处理的宁麦 13(图 5.2c)在花期、灌浆前期、灌浆后期净光合速率较对照分别下降了 17.9%、20.1%、24.6%，且差异均达显著水平($P<0.05$)；pH＝2.0 的酸雨处理则较对照分别下降了 29.4%、31.7%、40.6%($P<0.05$)。pH＝4.0 酸雨处理的徐麦 31(图 5.2d)在花期、灌浆前期、灌浆后期净光合速率较对照分别下降了 4.8%、12.5%、21.3%，灌浆后期与对照差异显著；pH＝2.0 的酸雨处理较对照分别下降了 19.8%、19.7%、40.0%($P<0.05$)。品种间比较，宁麦 13 受到酸雨胁迫后蒸腾速率下降幅度大于徐麦 31。

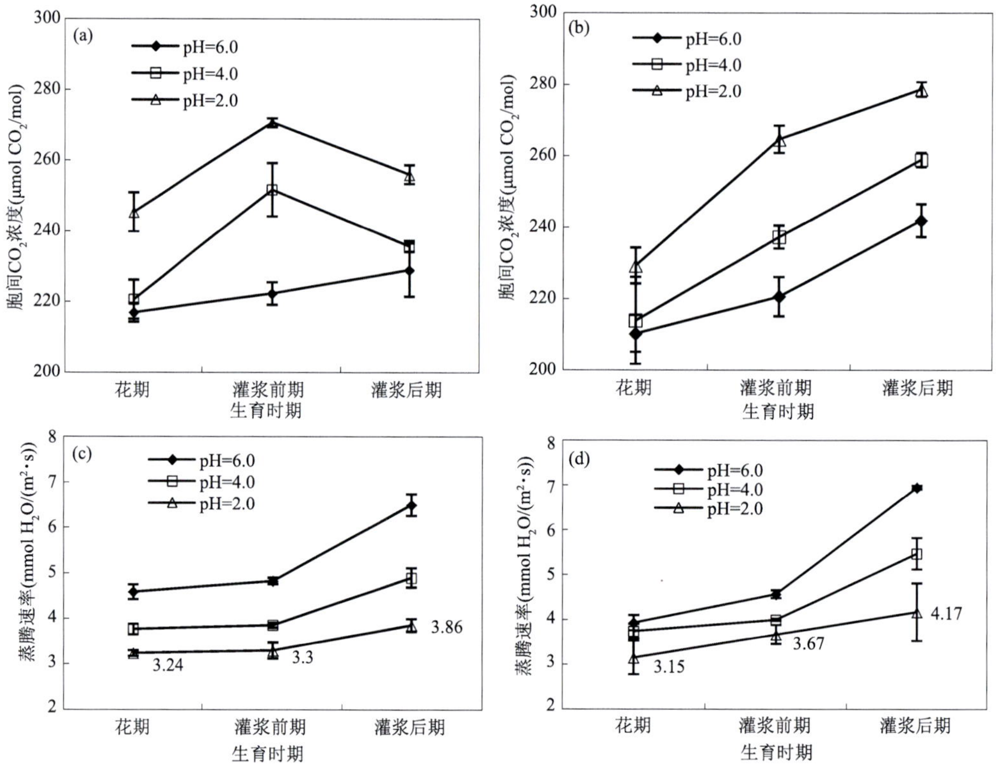

图 5.2 模拟酸雨对宁麦 13(a,c)和徐麦 31(b,d)胞间 CO_2 浓度和蒸腾速率的影响

5.1.2.2 不同发生时段酸雨对冬小麦光合特性的影响

T_1、T_2 和 T_3 时期酸雨处理使宁麦 15(图 5.3a)类胡萝卜素含量分别降低 18.32%、16.80%和 20.70%，处理结束后各处理与对照间差异增大，至花后 25 d 达最大，分别下降 47.84%、29.29%和 39.75%。对济宁 12(图 5.3b)来说，T_1、T_2 和 T_3 时期处理都使类胡萝卜素含量较对照升高，但 T_2 处理与对照间差异不显著，T_1 和 T_2 时期处理的花后 15 d 与对照差异达最大，分别较对照升高 36.14%和 23.38%，T_3 时期处理的花后 20 d 与对照差异最大，升

高 35.30%，之后与对照差异减小，至花后 25 d，各时期处理的类胡萝卜素含量与对照间差异都不显著。

宁麦 15 和济宁 12 的净光合速率变化趋势存在差异。其中宁麦 15(图 5.3c)呈先升后降的单峰曲线，峰值出现在花后 10 d。T_1、T_2 和 T_3 时期酸雨处理对净光合速率均有抑制作用，以 T_3 处理抑制作用较严重。处理结束后净光合速率大幅下降，至花后 20 d，下降幅度达最大，T_1、T_2 和 T_3 处理分别较对照下降了 27.33%、10.89%和 73.18%。济宁 12(图 5.3d)净光合速率在花后 5 d 达最大，并随着生育进程而下降。不同生育期酸雨对净光合速率都有抑制作用，分别较对照下降 37.51%、23.17%和 31.47%；T_1 和 T_2 处理结束，净光合速率先大幅上升之后下降，至花后 20 d，处理与对照间差异显著，T_1 和 T_2 之间差异不显著，与 T_3 间差异显著。

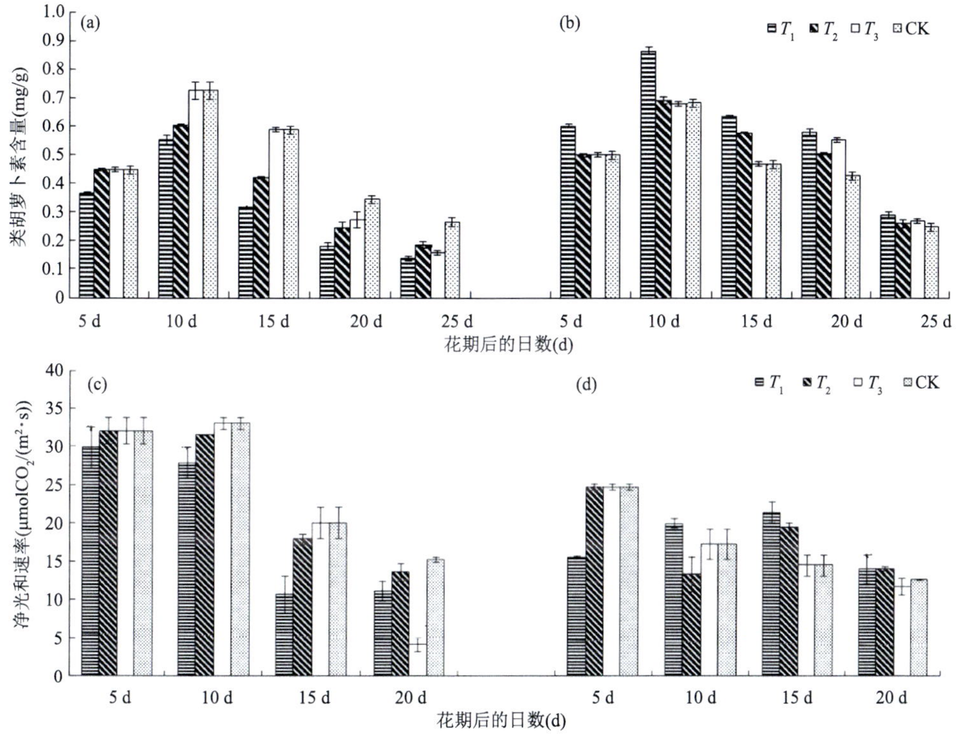

图 5.3　花后不同时期酸雨处理对宁麦 15(a,c)和济宁 12(b,d)叶片类胡萝卜素和净光合速率影响

5.1.3　酸雨胁迫对冬小麦抗氧化系统的影响

5.1.3.1　不同强度酸雨胁迫对冬小麦抗氧化系统的影响

(1)不同强度酸雨胁迫对冬小麦丙二醛含量的影响

随着酸雨强度的增加冬小麦叶片丙二醛含量也随之增大(图 5.4)。与对照相比，pH＝2.0 的酸雨处理后宁麦 13 和徐麦 31 叶片中的丙二醛含量从花期到灌浆后期均显著高于对照(P＜0.05)。pH＝4.0 的酸雨处理后，宁麦 13 从灌浆前期开始丙二醛含量显著高于对照(P＜0.05)，但与 pH＝2.0 处理差异不显著；徐麦 31 在各个时期丙二醛含量均显著高于对照，且

pH＝2.0 的酸雨处理从灌浆前期开始显著高于 pH＝4.0 的酸雨处理。品种间比较，宁麦 13 受到酸雨胁迫后丙二醛含量变化的幅度更大。

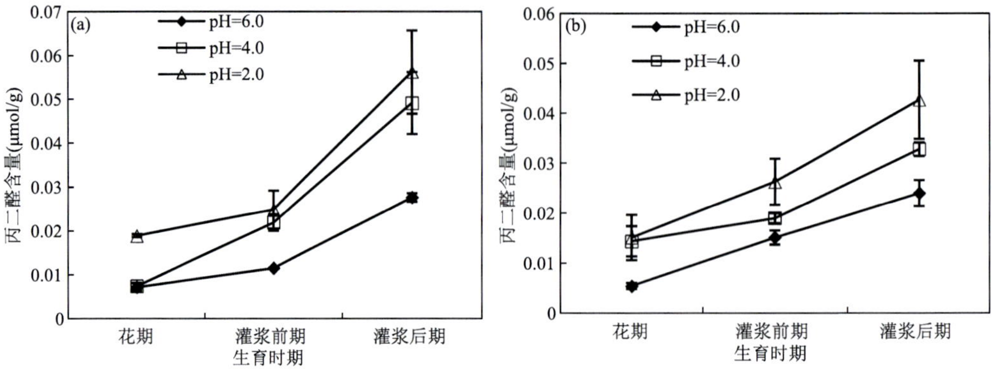

图 5.4 模拟酸雨对宁麦 13(a)和徐麦 31(b)叶片丙二醛含量的影响

(2)不同强度酸雨胁迫对冬小麦抗氧化物酶活性的影响

小麦叶片中的过氧化氢酶活性随时间的延长而降低。宁麦 13(图 5.5a)在花期和灌浆前期，经pH＝4.0 和 pH＝2.0 的酸雨处理后叶片中过氧化氢酶活性均显著高于对照($P<0.05$)；灌浆后期，pH＝4.0 和 pH＝2.0 的酸雨处理后过氧化氢酶活性均显著低于对照($P<0.05$)。徐麦 31(图 5.5b)经 pH＝4.0 和 pH＝2.0 的酸雨处理后，花期过氧化氢酶活性显著高于对照，灌浆前期与对照差异不显著($P<0.05$)，灌浆后期，pH＝4.0 和 pH＝2.0 的酸雨处理后过氧化氢酶活性均显著低于对照($P<0.05$)。品种间对比，花期和灌浆前期宁麦 13 叶片中过氧化氢酶活性平均升高幅度大于徐麦 31。

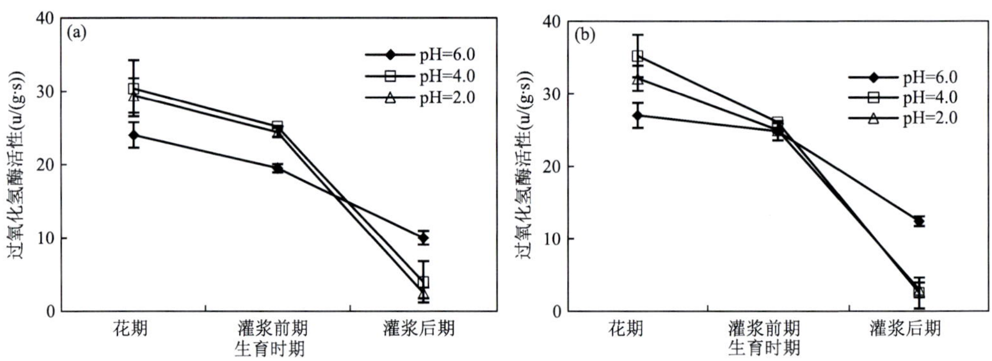

图 5.5 模拟酸雨对宁麦 13(a)和徐麦 31(b)叶片过氧化氢酶活性的影响

小麦叶片中的过氧化物酶活性随时间的延长而升高(图 5.6)。pH＝2.0 酸雨处理的两种小麦叶片中过氧化物酶活性在花期、灌浆前期和灌浆后期均高于对照($P<0.05$)，pH＝4.0 的酸雨处理后两种小麦叶片中过氧化物酶活性与对照差异不显著，品种间差异较小。

5.1.3.2 不同发生时段酸雨对冬小麦抗氧化系统的影响

(1)不同发生时段酸雨对冬小麦丙二醛含量的影响

花期后，宁麦 15 和济宁 12 的丙二醛含量呈一直上升趋势。酸雨处理使宁麦 15(图 5.7a)

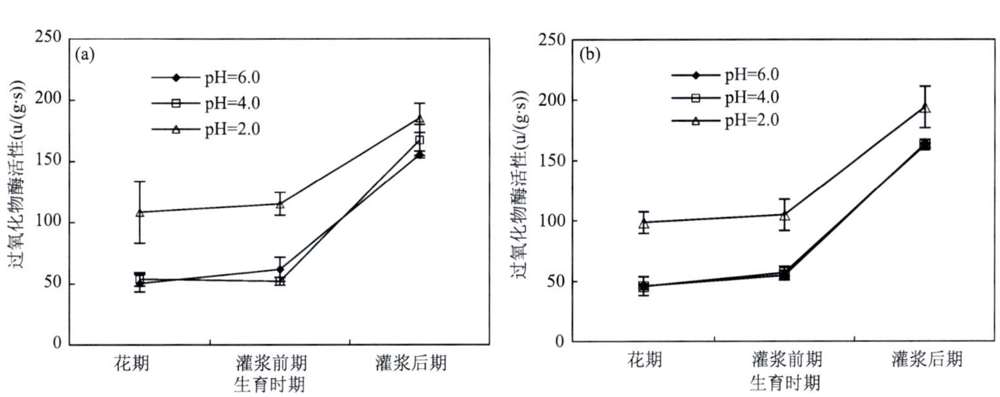

图 5.6　模拟酸雨对宁麦 13(a)和徐麦 31(b)叶片过氧化物酶活性的影响

丙二醛含量显著上升。T_1、T_2 和 T_3 时期处理，分别升高 15.13%、11.61%和 24.88%；酸雨结束一段时间，酸雨后效胁迫效应加剧，至花后 25 d 达最大，分别较对照升高了 29.52%、17.24%和 27.43%，且 T_1 和 T_3 之间差异不显著。酸雨处理下济宁 12(图 5.7b)叶片的丙二醛含量降低，T_1、T_2 和 T_3 时期处理分别较对照降低 13.45%、6.05%和 9.43%；酸雨结束后一段时间，胁迫影响减小，至花后 25 d 处理与对照之间，差异均不显著。

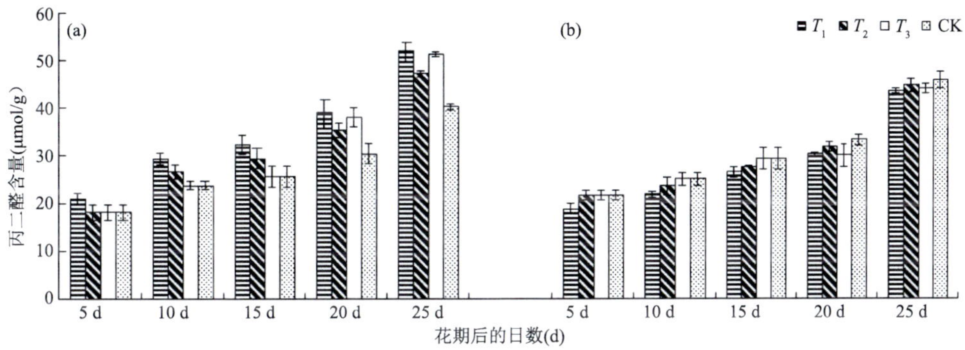

图 5.7　花后不同时期模拟酸雨对宁麦 15(a)和济宁 12(b)丙二醛含量的影响

(2)不同发生时段酸雨对冬小麦抗氧化物酶活性的影响

花期后小麦过氧化氢酶活性整体下降。酸雨处理使宁麦 15(图 5.8a)过氧化氢酶活性分别升高 21.56%、7.55%和 11.48%，胁迫解除一段时间处理与对照间差异减小，至花后 25 d，T_1、T_2 时期酸雨处理分别较对照降低 11.84%、6.17%；T_1 时期处理使济宁 12(图 5.8b)的过氧化氢活性较对照显著升高 15.11%，T_3 时期处理降低 4.72%，T_2 时期处理与对照间差异不显著；处理结束至花后 15 d，T_1 和 T_2 处理分别升高 22.29%和 10.79%，之后活性较对照显著下降，至花后 25 d，过氧化氢酶活性分别降低 25.89%、9.05%和 10.67%。

花期后小麦过氧化物酶活性呈一直上升趋势。酸雨处理使宁麦 15 和济宁 12 叶片中过氧化物酶活性都升高，且都以 T_2 时期处理较对照上升幅度最大。处理结束一段时间，宁麦 15(图 5.8c)处理与对照间差异增大，且表现为 $T_1>T_3>T_2$；济宁 12 处理与对照间差异呈先增后减，至花后 25 d，T_1 与对照间差异不显著，T_2 和 T_3 较对照显著升高。

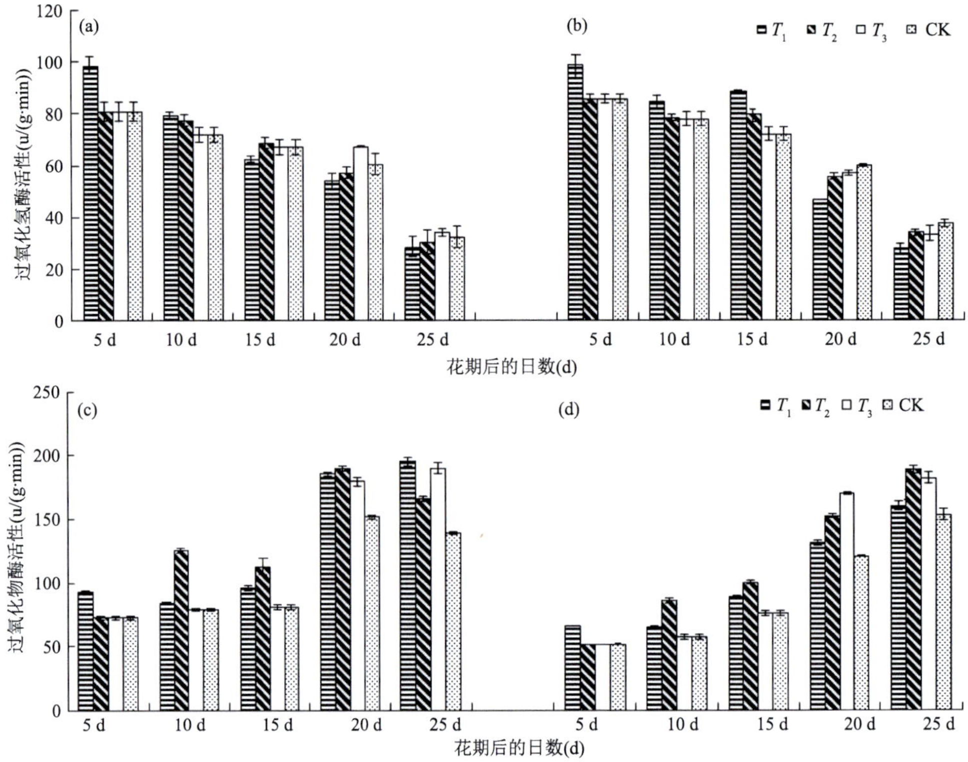

图 5.8 花后不同时期酸雨对宁麦 15(a,c)和济宁 12(b,d)叶片过氧化氢酶、过氧化物酶活性的影响

5.1.4 酸雨胁迫对冬小麦碳氮代谢的影响

5.1.4.1 不同强度酸雨胁迫对冬小麦碳氮代谢的影响

(1)不同强度酸雨胁迫对冬小麦碳代谢的影响

①对花期叶片蔗糖合成酶活性的影响

宁麦 13 和徐麦 31 的叶片中蔗糖合成酶活性均随时间呈先升后降的趋势，且随时间延长蔗糖合成酶活性变化较大，各处理间差异也较显著(图 5.9)。花期时，两种小麦各处理间的叶片中蔗糖合成酶活性与对照无显著性差异($P<0.05$)；灌浆前期，两种小麦各处理间的叶片中蔗糖合成酶活性均显著高于对照($P<0.05$)，随时间延长到灌浆后期，pH＝2.0 的酸雨处理，宁麦 13(图 5.9a)的叶片中蔗糖合成酶活性显著高于 pH＝4.0 的酸雨处理和对照($P<0.05$)，徐麦 31(图 5.9b)的各处理间差异不显著($P<0.05$)。品种间对比，经模拟酸雨处理后徐麦 31 叶片中蔗糖合成酶活性降低幅度大于宁麦 13。

②对叶片蔗糖磷酸合成酶活性的影响

花期后小麦叶片中的蔗糖磷酸合成酶活性随时间呈先升后降的趋势(图 5.10)。花期时，宁麦 13(图 5.10a)经 pH＝2.0 的酸雨处理，叶片中蔗糖磷酸合成酶活性显著低于对照($P<0.05$)，pH＝4.0 的酸雨处理的叶片中蔗糖磷酸合成酶活性显著高于对照($P<0.05$)；徐麦 31(图 5.10b)经 pH＝2.0 和 pH＝4.0 的酸雨处理，叶片中蔗糖磷酸合成酶活性均低于对照，但无显著性差异($P<0.05$)。灌浆前期时，宁麦 13(图 5.10a)经 pH＝2.0 酸雨处理，叶片中蔗糖

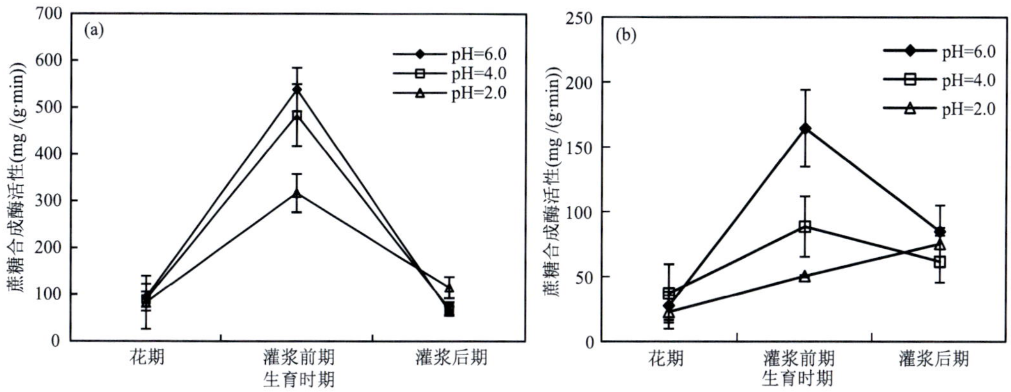

图 5.9　模拟酸雨对宁麦 13(a)和徐麦 31(b)叶片蔗糖合成酶活性的影响

磷酸合成酶活性显著低于对照($P<0.05$)，pH＝4.0 的酸雨处理叶片中蔗糖磷酸合成酶活性稍高于对照，但与对照差异不显著；徐麦 31(图 5.10b)经 pH＝4.0 和 pH＝2.0 酸雨处理的叶片中蔗糖磷酸合成酶活性均显著低于对照($P<0.05$)。当时间延长到灌浆后期时，pH＝2.0 酸雨处理的宁麦 13(图 5.10a)叶片中蔗糖磷酸合成酶活性显著高于对照和 pH＝4.0 酸雨处理，pH＝4.0 酸雨处理与对照无显著差异；pH＝2.0 和 pH＝4.0 酸雨处理的徐麦 31(图 5.10b)叶片中蔗糖磷酸合成酶活性均低于对照。

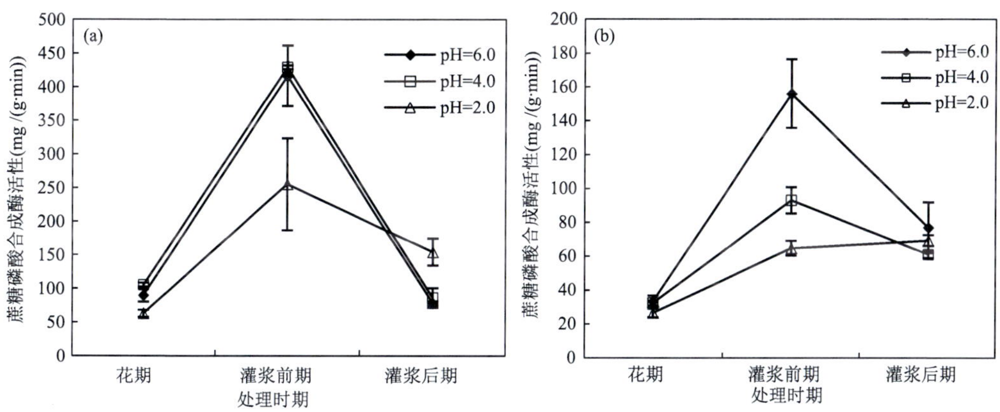

图 5.10　模拟酸雨对宁麦 13(a)和徐麦 31(b)叶片蔗糖磷酸合成酶活性的影响

(2)不同强度酸雨胁迫对冬小麦氮代谢的影响

①对冬小麦地上部器官中氮吸收和分配的影响

随着酸雨胁迫时间延长，小麦茎和叶片中氮含量减少，穗中的氮含量增加(表 5.1)。不同地上部器官中氮含量变化较大，总的趋势为花期叶片＞穗＞茎鞘，成熟期籽粒＞叶片＞颖壳＞茎鞘。pH＝4.0 酸雨处理的花期和成熟期地上部各器官中氮含量均略高于对照或相差不大。pH＝2.0 酸雨处理的宁麦 13 花期茎、叶和穗中氮含量与对照差异不显著，成熟期茎、叶片、颖壳和籽粒中氮含量均较对照显著升高($P<0.05$)；pH＝2.0 酸雨处理的徐麦 31 花期茎中氮含量显著高于对照，而叶和穗中氮含量与对照差异不显著，成熟期叶片、颖壳和籽粒中氮含量均较对照显著升高($P<0.05$)。

表 5.1　模拟酸雨对小麦花期和成熟期地上部器官中氮含量的影响

品种	酸雨处理	花期氮含量(%)			成熟期氮含量(%)			
		茎鞘	叶	穗	茎鞘	叶	颖壳	籽粒
宁麦 13	pH=6.0	0.83b	2.76bc	1.64b	0.32b	0.53c	0.33c	2.05d
	pH=4.0	0.89b	2.81bc	1.71b	0.34b	0.54c	0.37c	2.14d
	pH=2.0	0.89b	2.54c	1.59b	0.46a	1.26b	0.61a	2.25c
徐麦 31	pH=6.0	0.92b	3.15ab	1.77ab	0.31b	0.61c	0.39c	2.37b
	pH=4.0	0.88b	3.09abc	1.68b	0.32b	0.57c	0.52b	2.32bc
	pH=2.0	1.06a	3.40a	1.90a	0.38b	1.77a	0.67a	2.53a

注:a,b,c,d 表示同列不同处理差异达到显著水平(α=0.05)。

②对花期叶片可溶性蛋白含量的影响

两种小麦叶片中的可溶性蛋白含量随时间的延长而降低,处理间差异较显著(图 5.11)。花期时,两种小麦叶片中可溶性蛋白含量随酸雨酸度的增加而降低,但处理间无显著性差异。灌浆前期时,pH=2.0 和 pH=4.0 酸雨处理的宁麦 13(图 5.11a)叶片中可溶性蛋白含量均显著低于对照(P<0.05),但两个处理间差异不显著;pH=2.0 酸雨处理的徐麦 31(图 5.11b)叶片中可溶性蛋白含量显著低于对照和 pH=4.0 的酸雨处理(P<0.05),pH=4.0 的酸雨处理与对照差异不显著。当时间延长到灌浆后期时,pH=2.0 和 pH=4.0 酸雨处理的两种小麦的叶片中可溶性蛋白含量均显著低于对照。

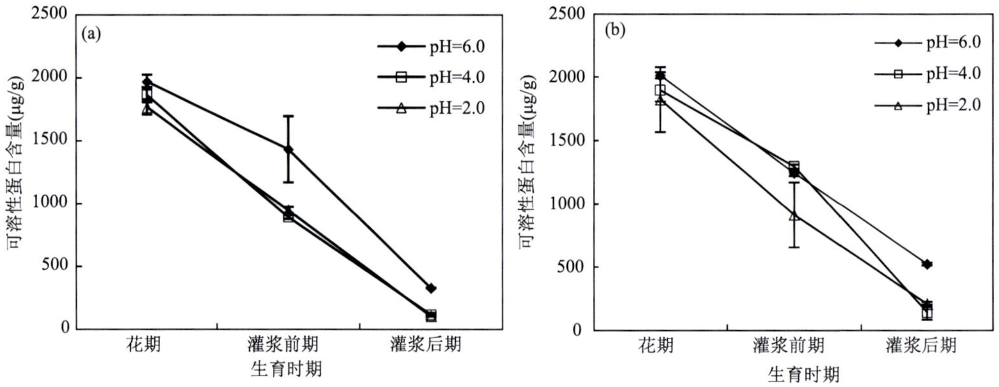

图 5.11　模拟酸雨对宁麦 13(a)和徐麦 31(b)叶片可溶性蛋白含量的影响

5.1.4.2　不同发生时段酸雨对冬小麦碳氮代谢的影响

(1)不同发生时段酸雨对冬小麦碳代谢的影响

①对叶片可溶性糖含量的影响

宁麦 15(图 5.12a)和济宁 12(图 5.12b)两种小麦叶片中可溶性糖含量均呈先升后降的单峰曲线变化,高峰值出现在花后 15～20 d,T_1、T_2 和 T_3 时期酸雨处理使宁麦 15 叶片可溶性糖含量分别下降 16.99%、12.97%和 18.29%,且 T_1 时期处理使可溶性糖含量高峰提前出现,处理结束,随着生育进程推进,对照与处理间差异增大。至花后 20 d,T_1 和 T_2 时期处理叶片中可溶性糖含量与对照差异最大,分别较对照降低 46.63%和 20.21%,T_3 时期处理在花后

25 d 与对照间差异达最大，较对照下降 38.79%，随后各处理与对照间差异减小，但 T_1、T_3 时期处理与对照差异仍显著。对于济宁 12(图 5.12b)，T_1 时期酸雨处理，使可溶性糖含量升高 65.22%，T_2 和 T_3 时期处理分别较对照降低 40.59% 和 13.56%，酸雨胁迫解除一段时间，处理与对照间差异不显著。

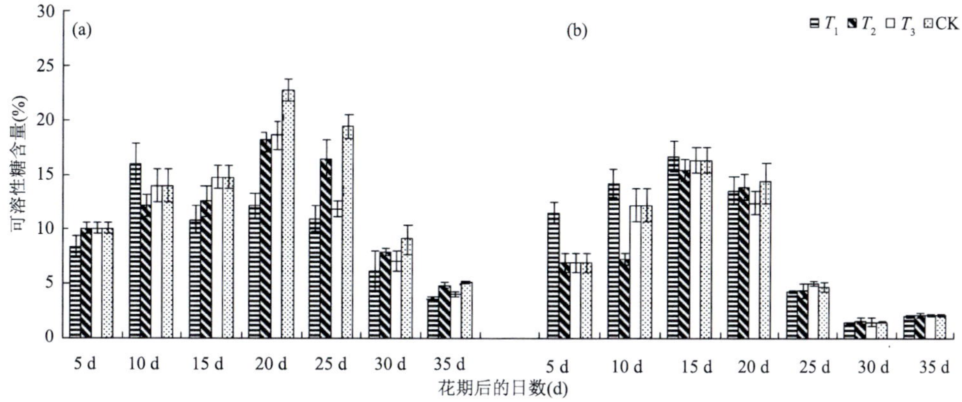

图 5.12　花后不同时期模拟酸雨对宁麦 15(a)和济宁 12(b)叶片可溶性糖含量的影响

②对叶片蔗糖合成酶活性的影响

酸雨处理使宁麦 15(图 5.13a)叶片蔗糖合成酶活性分别降低 56%、4.56%和 12.07%，处理结束一段时间，后效胁迫减轻，至花后 30 d 不同时期处理分别较对照降低 17.78%、1.2%和 8.15%。而对于济宁 12(图 5.13b)来说，蔗糖合成酶活性不同生育期对酸雨表现不同，T_1 和 T_3 时期处理较对照升高 18.92%和 16.86%，T_2 时期处理较对照降低 48%，胁迫解除一段时间 T_1 和 T_3 仍较对照升高，并且上升幅度增大，而 T_2 处理一段时间后叶片蔗糖合成酶活性也较对照显著升高，至花后 30 d 不同时期处理都较对照显著升高，以 T_1 处理升高幅度最大，上升了 25.92%。

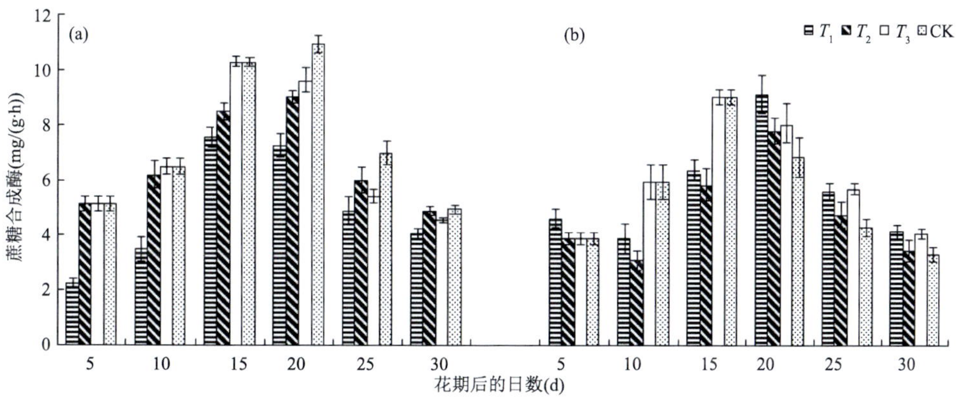

图 5.13　花后不同时期模拟酸雨对宁麦 15(a)和济宁 12(b)叶片蔗糖合成酶活性的影响

③对叶片蔗糖磷酸合成酶活性的影响

两种小麦的叶片中蔗糖磷酸合成酶活性呈单峰曲线，峰值出现在花后 15～20 d，酸雨处理使宁麦 15(图 5.14a)叶片中蔗糖磷酸合成酶活性下降，T_1、T_2 和 T_3 时期处理分别较对照降低

57.49%、16.05%和 16.52%，处理结束一段时间后效胁迫效应减小，至花后 30 d 不同时期处理分别较对照降低 27.31%、5.24%和 20.2%。而不同生育期模拟酸雨对济宁 12(图 5.14b)叶片中蔗糖磷酸合成酶活性的影响，表现不一致，T_1 和 T_3 时期处理分别较对照升高 68.87%和 25.21%，T_2 时期处理较对照降低 47.08%，处理结束一段时间不同时期处理都较对照显著升高。

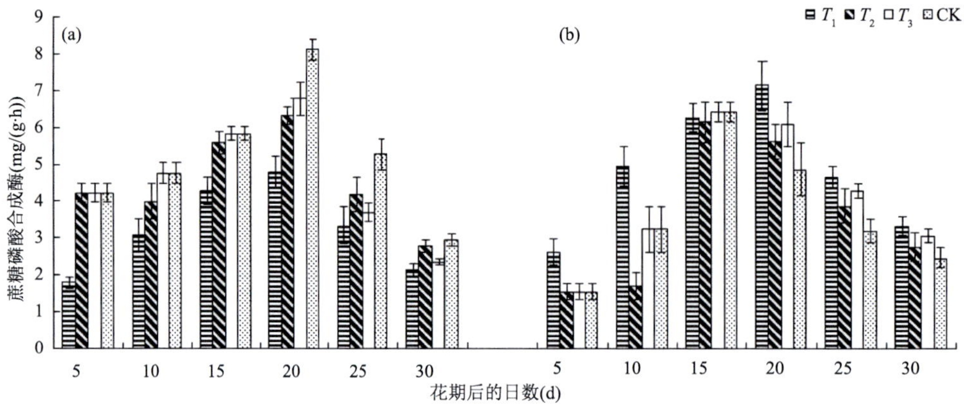

图 5.14　花后不同时期模拟酸雨对宁麦 15(a)和济宁 12(b)叶片蔗糖磷酸合成酶活性的影响

(2)不同发生时段酸雨对冬小麦氮代谢的影响

成熟期叶片和茎鞘中氮含量较花期显著下降，不同器官间氮含量存在差异，花期叶片＞茎鞘，成熟期籽粒＞叶片＞茎鞘(表 5.2)。花期酸雨处理使两种小麦叶片、茎鞘中氮含量都上升，但与对照差异不显著。对宁麦 15 来说，T_1 和 T_3 处理成熟期叶片、茎鞘氮含量较对照显著升高，T_2 时期处理与对照差异不显著，处理间差异显著；花后不同时期酸雨处理的籽粒氮含量较对照显著升高，处理间差异显著。济宁 12 成熟期氮含量处理与对照叶片中差异不显著，茎鞘中表现为处理较对照显著升高，籽粒中处理较对照显著降低，且以 T_1 时期处理与对照间变化幅度最大，处理间差异显著。

表 5.2　花后不同时期模拟酸雨对小麦花期和成熟期地上部器官氮含量的影响

品种	酸雨处理	花期氮含量(%)		成熟期氮含量(%)		
		茎鞘	叶片	茎鞘	叶片	籽粒
宁麦 15	CK	0.85a	2.9b	0.3c	0.54d	2.19e
	T_1	0.85a	2.9b	0.37a	0.62b	2.74a
	T_2	0.85a	2.9b	0.31c	0.55d	2.43cd
	T_3	0.85a	2.9b	0.34b	0.58c	2.56b
济宁 12	CK	0.93a	3.7a	0.2e	0.71a	2.56b
	T_1	0.93a	3.7a	0.29c	0.72a	2.02f
	T_2	0.93a	3.7a	0.25d	0.71a	2.45c
	T_3	0.93a	3.7a	0.26d	0.72a	2.34d

注：a,b,c,d,e,f 表示同列不同处理差异达到显著水平(α=0.05)。

5.1.5　结论与讨论

（1）酸雨胁迫对冬小麦光合特性的影响。在 pH＝4.0 及 pH＝2.0 的酸雨处理下，宁麦 13 和徐麦 31 的各项光合指标中除 CO_2 浓度外，其他指标均显著下降，表明酸雨使得小麦叶片光合速率下降与 CO_2 浓度无关，即非气孔限制型。可见光合性能下降是强酸雨胁迫降低小麦产量的重要原因之一。

花后不同时期 pH＝2.5 的模拟酸雨处理均使宁麦 15 类胡萝卜素含量和净光合速率下降，而济宁 12 净光合速率在酸雨处理后先下降，但经过一段时间恢复后又大幅回升，甚至超过对照，之后与对照间差异减小。

（2）酸雨胁迫对冬小麦抗氧化系统的影响。在灌浆前期，宁麦 13 和徐麦 31 受到酸雨胁迫后叶片细胞膜抗氧化酶类活性会显著高于对照；当胁迫时间延长到灌浆后期时，小麦叶片细胞膜抗氧化酶类活性开始低于对照。两种小麦籽粒中抗氧化酶类活性处理间变化不大，叶片和籽粒中膜脂过氧化产物丙二醛含量显著上升，且胁迫时间越长增加趋势越显著。

花后不同时期 pH＝2.5 的模拟酸雨处理使宁麦 15 和济宁 12 的过氧化氢酶、过氧化物酶活性升高，丙二醛含量也显著上升。

（3）酸雨胁迫对冬小麦碳氮代谢的影响。灌浆前期是蔗糖合成酶和蔗糖磷酸合成酶活性在处理间变化最显著时期，pH＝2.0 的酸雨处理宁麦 13 和徐麦 31 叶片中蔗糖合成酶和蔗糖磷酸合成酶活性均显著小于对照，随时间延长到灌浆后期，处理间差异降低。在酸雨胁迫下，小麦茎和叶片中氮含量减少，穗中的氮含量增加；叶片中可溶性蛋白显著降低。

花后不同时期 pH＝2.5 的模拟酸雨胁迫使宁麦 15 叶片可溶糖含量显著降低，后效以花后 0～4 d 处理下降幅度更大；对济宁 12 来说，花后不同时期处理，叶片可溶糖含量变化较复杂，花后 0～4 d 处理使可溶糖含量增加，花后 5～9 d、15～19 d 处理使可溶性糖含量先显著降低之后与对照差异不显著。花后不同时期酸雨处理，对宁麦 15 叶片中蔗糖合成酶和磷酸蔗糖合成酶活性都表现为抑制作用，且以花后 0～4 d 酸雨处理后效影响较严重，而济宁 12 叶片磷酸蔗糖合成酶活性不同生育期处理表现不同，但灌浆后期活性都较对照显著升高。

综上所述，不同基因型小麦在受到酸雨胁迫后表现出的敏感性不同，花后不同时期酸雨处理，两种小麦的各项生理指标均表现为花后 0～4 d 处理后效影响较严重，时间最长。

5.2　酸雨对油菜生理特性的影响

5.2.1　油菜酸雨胁迫试验设计

试验于 2007 年 10 月在南京农业大学进行，将油菜（秦优 9 号）种子播种于学校实验田中，10 月下旬将苗移入直径 25 cm、高 22 cm 的塑料盆，每盆 4 株。移栽 15 d 后开始用配置好的不同 pH 酸雨（6.0、5.0、4.0、3.5、3.0、2.5、2.0）喷施处理，以 pH＝6.0 为对照（CK）。酸雨的喷施量根据南京市 2001—2006 年平均酸雨量和酸雨发生频率得到，最终确定模拟酸雨总共喷 20 次，喷施频率为 3 次/月，每次的喷施量相当于 10 mm 降雨量，喷施强度为每分钟 0.5 mm。在开花期进行相关指标的测定。

5.2.2 酸雨胁迫对油菜花期叶绿素含量和光合特性的影响

pH=5.0 的酸雨处理后，油菜花期叶片叶绿素含量略高于对照（表 5.3）。而随着酸雨强度增大，叶绿素含量逐渐下降，pH=3.0、pH=2.5 和 pH=2.0 酸雨处理的叶绿素含量较对照显著下降，分别下降了 12.86%、30.71%和 35.71%($P<0.05$)。

叶片净光合速率等生理指标均随酸雨强度的增大而下降，且下降幅度越来越大（表 5.3）。pH=3.0 处理开始显著低于对照，pH=3.0、pH=2.5 和 pH=2.0 酸雨处理的净光合速率分别较对照下降了 7.51%、12.52% 和 30.24%($P<0.05$)；气孔导度分别比对照下降了 23.68%、31.58%和 55.26%($P<0.05$)；胞间 CO_2 浓度分别比对照下降了 12.24%、12.48%和 31.13%($P<0.05$)；蒸腾速率分别比对照下降了 20.37%、26.89%和 47.26%($P<0.05$)。

表 5.3 模拟酸雨对油菜叶片叶绿素含量、光合生理参数、可溶性糖和可溶性蛋白的影响

酸雨处理/pH	叶绿素含量(mg/g)	净光合速率 (μ mol/(m² · s))	气孔导度 (mol/(m² · s))	胞间 CO_2 浓度 (μ mol/mol)	蒸腾速率 (mmol/(m² · s))
6.0	1.40ab	24.37a	0.38a	188.78a	3.83a
5.0	1.56a	24.58a	0.37ab	185.44ab	3.55ab
4.0	1.39ab	23.49ab	0.31ab	165.56ab	2.90ab
3.5	1.34ab	23.58ab	0.42bc	202.89b	3.67bc
3.0	1.22bc	22.54b	0.29bc	165.67b	3.05c
2.5	0.97c	21.32b	0.26c	165.22b	2.80c
2.0	0.90c	17.00c	0.17d	130.01c	2.02d

注：a,b,c,d 表示同列不同处理差异达到显著水平($\alpha=0.05$)。

5.2.3 酸雨胁迫对油菜花期叶片抗氧化系统的影响

5.2.3.1 对叶片中丙二醛含量和相对电导率的影响

喷施酸雨后，叶片中的丙二醛含量（图 5.15a）和相对电导率（图 5.15b）随着酸雨酸度的增强而增大，表明酸雨处理引起油菜叶片的膜脂过氧化加剧，对叶片细胞产生了伤害。pH=5.0

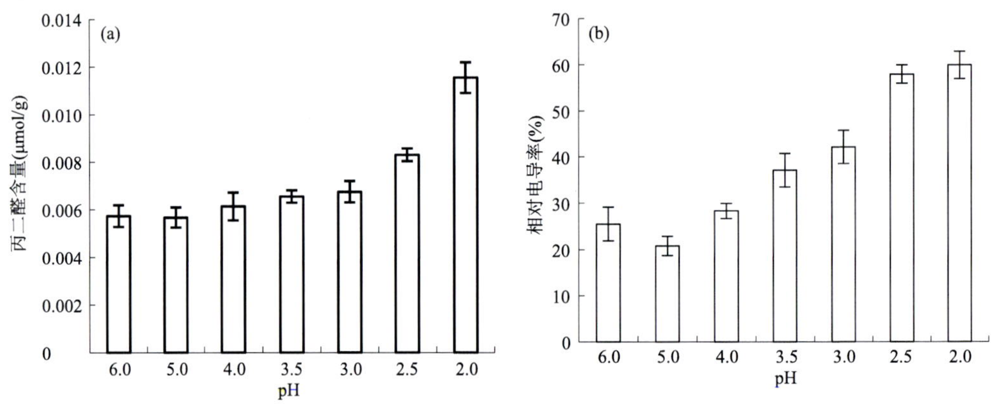

图 5.15 模拟酸雨对油菜叶片中丙二醛含量(a)和相对电导率(b)的影响

处理的丙二醛含量和相对电导率最低，pH＝5.0 和 pH＝4.0 酸雨处理的丙二醛含量较对照均无显著差异，pH＝3.5、pH＝3.0、pH＝2.5 和 pH＝2.0 酸雨处理的丙二醛含量分别较对照上升了 16.06%、17.80%、44.85% 和 101.57%（$P<0.05$），相对电导率分别较对照上升了 45.49%、65.16%、127.08%和 134.72%（$P<0.05$）。

5.2.3.2　对油菜花期叶片中抗氧化酶活性的影响

不同强度的模拟酸雨处理下，油菜花期叶片中的三种抗氧化酶活性变化趋势基本一致，pH＝5.0 时活性较对照略有提高，其中过氧化氢酶活性增加最明显，较对照增加了 16.28%，差异显著。而后随着酸雨酸度的增强，酶活性均逐渐下降。pH＝3.5、pH＝3.0、pH＝2.5 和 pH＝2.0 酸雨处理的超氧化物歧化酶活性分别较对照下降了 11.96%、12.25%、13.295%和 22.93%（$P<0.05$）（图 5.16）；过氧化物酶活性分别较对照下降了 12.00%、24.08%、25.84%和 29.61%（$P<0.05$）（图 5.17a）。过氧化氢酶活性在 pH＝2.5 和 pH＝2.0 酸雨处理与对照间差异达显著水平（图 5.17b）。

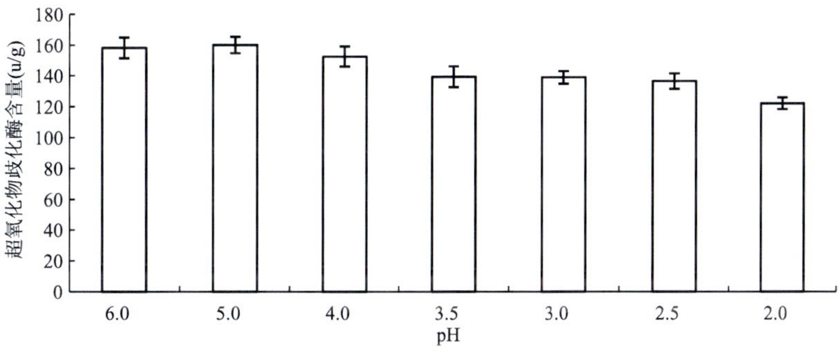

图 5.16　模拟酸雨对油菜叶片中超氧化物歧化酶活性的影响

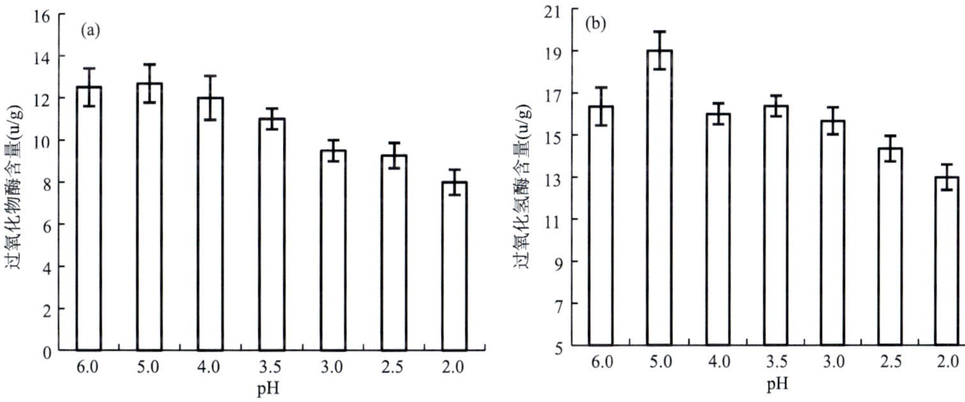

图 5.17　模拟酸雨对油菜叶片中过氧化物酶(a)和过氧化氢酶(b)活性的影响

5.2.3.3　对油菜花期叶片中抗坏血酸含量的影响

由图 5.18 可知，叶片细胞中抗坏血酸含量随着酸雨酸度的增强而呈下降趋势，pH＝5.0 酸雨处理下含量最高，此后随着酸雨酸度的增强逐渐下降，pH＝2.5 和 pH＝2.0 酸雨处理下显著低于对照。

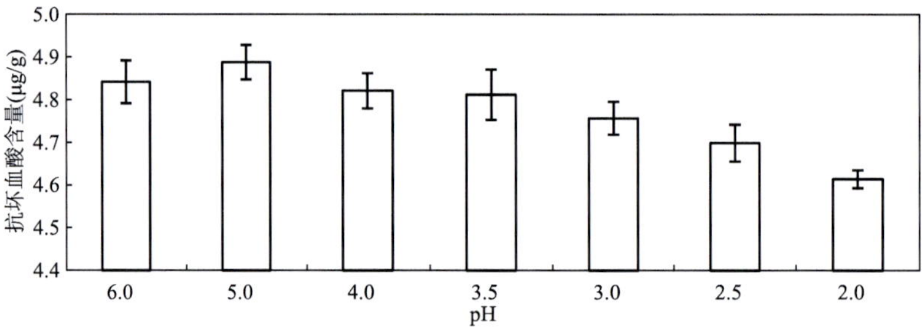

图 5.18　模拟酸雨对油菜叶片中抗坏血酸含量的影响

5.2.4　酸雨胁迫对油菜花期叶片碳氮代谢的影响

表 5.4 中可见,可溶性糖和可溶性蛋白含量均随酸雨酸度的增大呈下降趋势。pH=5.0 和 pH=4.0 酸雨处理的可溶性糖含量较对照均无显著差异,pH=3.5、pH=3.0、pH=2.5 和 pH=2.0 酸雨处理的可溶性糖含量分别较对照下降了 15.68%、41.53%、49.58%和 56.14%($P<0.05$)。可溶性蛋白含量在 pH=5.0 酸雨处理下达到最大,较对照上升了 3.27%,然后逐渐下降,pH=2.0 酸雨处理显著下降,较对照下降了 10.74%($P<0.05$)。

表 5.4　模拟酸雨对油菜叶片可溶性糖和可溶性蛋白的影响

酸雨处理/pH	可溶性糖 (%)	可溶性蛋白(μg/g)
6.0	9.44a	1259.40ab
5.0	8.68ab	1297.52a
4.0	8.24ab	1250.12ab
3.5	7.96b	1238.31bc
3.0	5.52c	1210.79bc
2.5	4.76c	1200.94bc
2.0	4.14c	1130.94c

注:a,b,c 表示同列不同处理差异达到显著水平($\alpha=0.05$)。

5.2.5　结论与讨论

酸雨胁迫试验结果表明,弱酸条件下(pH=5.0),油菜花期叶绿素含量和光合作用均略有上升,叶片中可溶性蛋白含量和生物量等较对照略高。而强酸雨胁迫下(pH<5.0),叶绿素含量和净光合速率显著下降,油菜叶片中可溶性糖、可溶性蛋白和生物量等也显著下降。

当酸雨 pH<4.0,油菜叶片细胞膜抗氧化酶类(超氧化物歧化酶、过氧化物酶和过氧化氢酶)活性和非酶抗氧化剂含量均显著下降,使得活性氧的清除处于失衡状态,因而导致叶片细胞膜透性(相对电导率)和丙二醛含量均显著增加。细胞质膜相对透性的大小反映生物膜结构受破坏的程度(童贯和,2005),丙二醛是叶片膜脂过氧化的最终产物,和污染物水平及毒性效果有很好的相关性,可见强酸雨对油菜叶片产生了明显伤害。

5.3　酸雨对大豆生理特性的影响

5.3.1　大豆酸雨胁迫试验设计

实验于 2012 年 5 月在南京农业大学牌楼试验站进行，供试品种为科丰 1 号、南农 1138－2，由南京农业大学国家大豆改良中心提供。盆栽试验(花盆规格：335 mm×240 mm)，土重为 8 kg，土壤 N、P、K 施肥量分别是 0.05 g/kg、0.25 g/kg、0.15 g/kg。

大豆出苗后间苗，保留长势良好一致的幼苗，保证每盆 5 株，在第三片复叶展平后，用不同 pH 模拟酸雨溶液喷施处理。酸雨的喷施量参考南京市 2006—2011 年平均酸雨量和酸雨发生频率，每次的喷施量相当于 10 mm 降雨量，喷施频率为 3 次/月，共喷施 5 次，每次喷施后 24 h 取大豆叶片，进行碳氮代谢关键酶活性、可溶性糖含量、可溶性蛋白含量等的测定，并进行田间调查，最后测定产量。

模拟酸雨 pH 是根据预实验筛选的结果确定，pH 分别为 2.5、3.5、4.5、5.6，以 pH＝5.6 作为对照(CK)。叶绿素：称取鲜叶片样品 0.03 g，剪碎，共 3 份，20 mL 95％乙醇提取，黑暗静置 6～8 h 至组织变白，以 95％乙醇为对照，用分光光度计分别在波长 665 nm、649 nm 和 470 nm 下测定吸光度。

5.3.2　酸雨胁迫对大豆叶片叶绿素含量的影响

从图 5.19a，b 可以看出，两种叶片中叶绿素含量随着生育进程呈增长趋势，酸雨处理对品种间的影响存在差异。其中南农 1138－2(图 5.19a)用 pH＝4.5 和 pH＝3.5 酸雨处理后叶

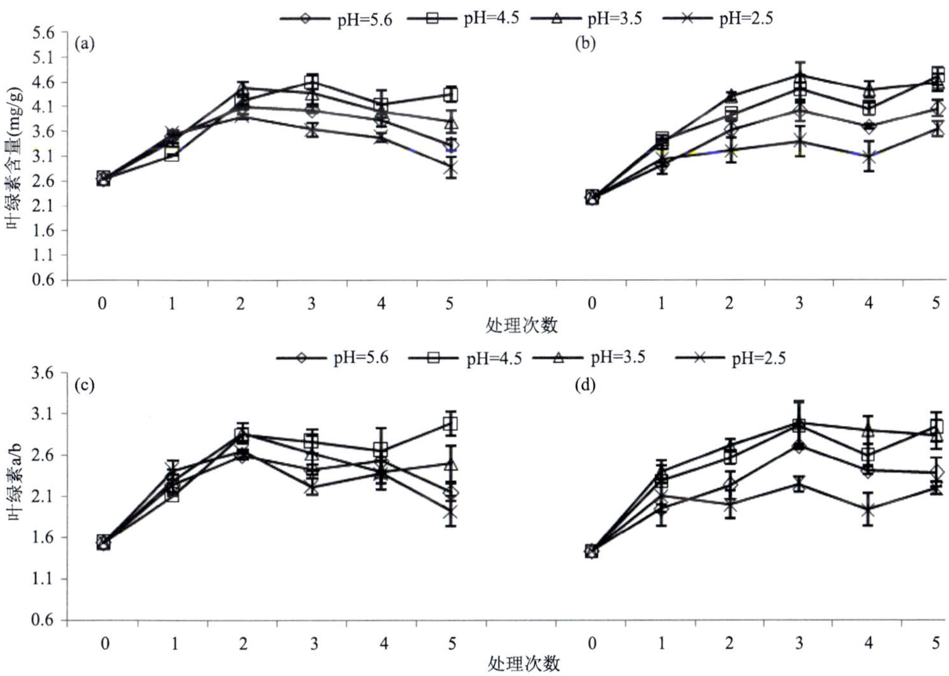

图 5.19　模拟酸雨胁迫下南农 1138－2(a,c)和科丰 1 号(b,d)叶绿素含量及叶绿素 a/b 的变化

绿素含量较对照增加，pH＝4.5 增加趋势更显著，pH＝2.5 酸雨处理叶绿素含量显著降低，至第 5 次处理，pH＝4.5 和 pH＝3.5 的酸雨处理分别增加了 30.7％和 13.9％，pH＝2.5 酸雨处理则降低了 13.5％；科丰 1 号(图 5.19b)不同于南农 1138－2(图 5.19a)，pH＝3.5 酸雨处理的增加趋势高于 pH＝4.5 酸雨处理，至第 4 次处理，pH＝4.5 和 pH＝3.5 酸雨处理分别显著增加了 9.8％和 20.1％，pH＝2.5 酸雨处理降低了 16.4％，差异显著。

从图 5.19c,d 可以看出，两种叶片中叶绿素 a/b 酸雨处理对品种间影响存在差异。南农 1138－2(图 5.19a)的 pH＝4.5 和 pH＝3.5 酸雨处理较对照略增加，pH＝2.5 酸雨处理则显著降低了叶绿素 a/b 的值，科丰 1 号(图 5.19b)得出结果一致，差异比南农 1138－2(图 5.19a)更为显著。

5.3.3 酸雨胁迫对大豆叶片抗氧化系统的影响

(1)对大豆叶片丙二醛含量的影响

随着生育进程发展，两种大豆叶片中丙二醛含量表现不同，其中南农 1138－2 在前四次酸雨处理丙二醛含量呈持续增加趋势，科丰 1 号则增加幅度较小(图 5.20)。两个品种 pH≥3.5 酸雨处理的丙二醛含量均低于对照，但差异不显著。pH＝2.5 酸雨处理下的两个品种丙二醛含量均显著高于对照，并且随着处理次数的增加，丙二醛含量增加。科丰 1 号增加幅度大于南农 1138－2。

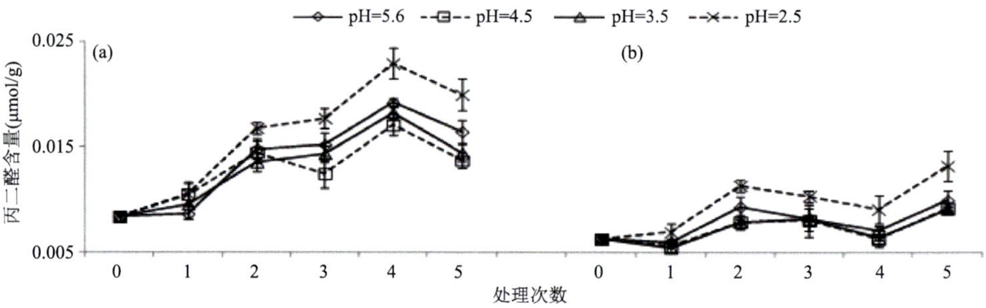

图 5.20 模拟酸雨对南农 1138－2(a)和科丰 1 号(b)叶片丙二醛含量的影响

(2)对大豆叶片抗氧化酶活性的影响

由图 5.21 可看出，两种大豆超氧化物歧化酶的变化存在较大差异，其中南农 1138－2(图 5.21a)用 pH≥3.5 处理下超氧化物歧化酶活性均在胁迫第 3 次时达到最低值，但影响不显著；pH＝2.5 酸雨处理前两次超氧化物歧化酶活性较其他处理低，而后期处理则较其他处理高，至第 5 次处理较对照增加了 15.00％，差异达显著水平。科丰 1 号(图 5.21b)各处理超氧化物歧化酶活性则均于第 3 次处理达峰值，酸雨酸度越强则超氧化物歧化酶活性越大，但 pH＝3.5 和 pH＝4.5 酸雨处理与对照差异不显著，pH＝2.5 酸雨处理则显著大于对照。

随着生育进程发展，两种大豆的过氧化物酶活性均呈上升趋势，其中南农 1138－2(图 5.21c)酸雨处理后过氧化物酶活性均高于对照，至第 4 次处理后差异显著；科丰 1 号(图 5.21d)用 pH＝4.5、pH＝3.5 酸雨处理对过氧化物酶活性影响不显著，pH＝2.5 酸雨处理则显著增加过氧化物酶活性，增加幅度大于南农 1138－2。

(3)对大豆叶片抗氧化剂含量的影响

由图 5.22 看出，两种大豆叶片抗坏血酸含量均呈先升后降的趋势，且在第 3 次处理达峰

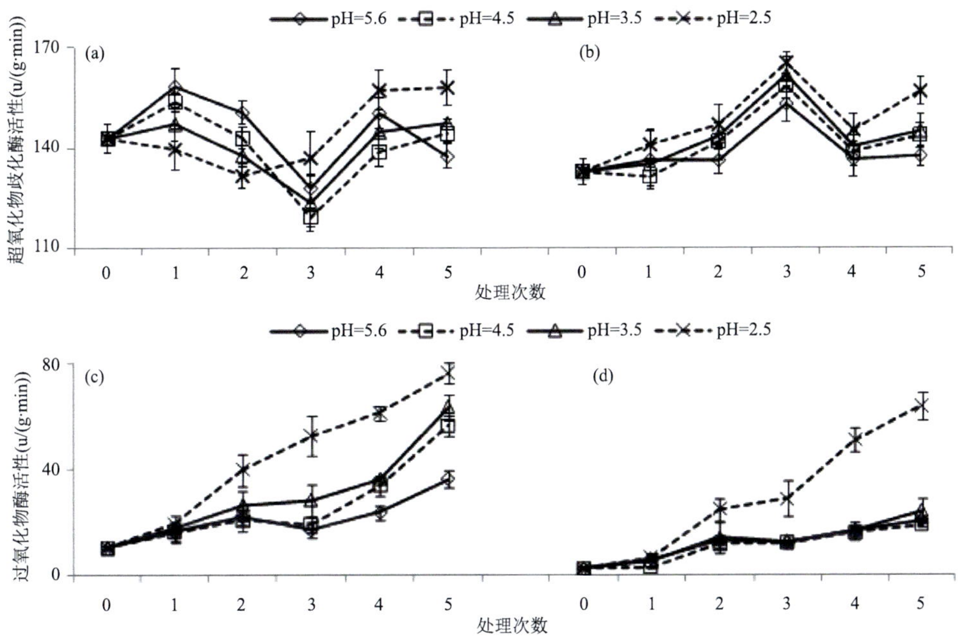

图 5.21 模拟酸雨对南农 1138－2(a,c)和科丰 1 号(b,d)叶片超氧化物歧化酶和过氧化物酶活性的影响

值。酸雨处理后，两个品种间存在较大差异，其中南农 1138－2(图 5.22a)随着酸雨酸度的增强，抗坏血酸含量降低，科丰 1 号(图 5.22b)则相反，但差异不显著。两种大豆的还原性谷胱甘肽含量也存在较大差异，酸雨处理对南农 1138－2(图 5.22c)影响不显著；对于科丰 1 号(图 5.22d)，pH≥3.5 酸雨处理无显著影响，pH＝2.5 酸雨处理则与对照差异达显著水平。

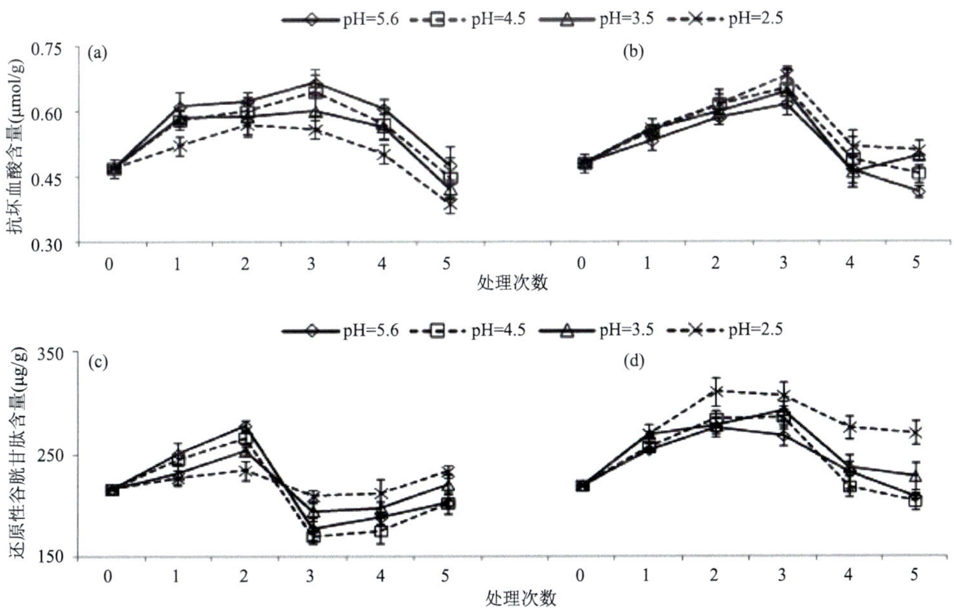

图 5.22 模拟酸雨对南农 1138－2(a,c)和科丰 1 号(b,d)叶片抗坏血酸和谷胱甘肽含量的影响

5.3.4 酸雨胁迫对大豆叶片碳氮代谢的影响

5.3.4.1 酸雨胁迫对大豆叶片碳代谢的影响

(1)对大豆叶片蔗糖和可溶性糖的影响

由图 5.23 可见,大豆叶片中蔗糖含量随生育进程的推进呈下降趋势,两个品种表现一致。不同酸雨处理会影响叶片中的蔗糖含量,且两个品种存在差异,其中 pH=4.5 和 pH=3.5 酸雨处理对蔗糖含量影响不显著,pH=2.5 酸雨处理显著增加叶片中蔗糖含量,第 3 次、4 次、5 次处理后南农 1138－2(图 5.23a)叶片中蔗糖含量分别增加了 61.8%、34.7%、81.9%,科丰 1 号(图 5.23b)则分别增加了 37.7%、169%、37.4%,且差异均达显著水平。

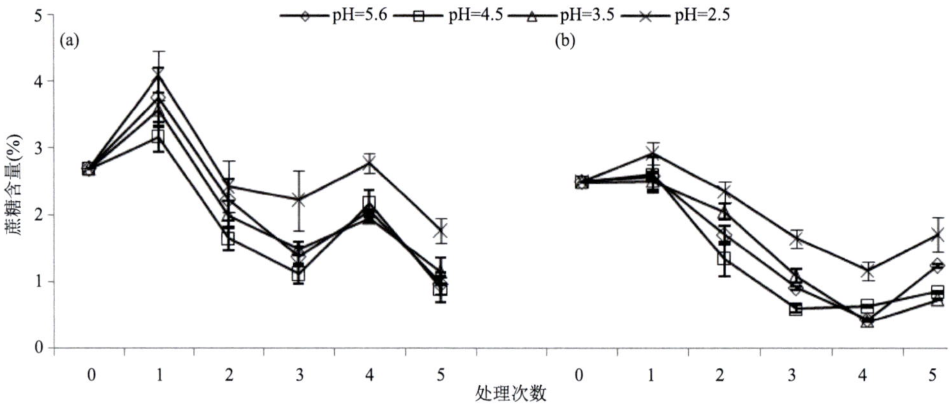

图 5.23 模拟酸雨胁迫下南农 1138－2(a)和科丰 1 号(b)叶片蔗糖含量的变化

大豆叶片中可溶性糖含量随生育进程的推进趋势较平缓,两个品种表现一致(图 5.24)。不同酸雨处理会影响叶片中的可溶性糖含量,且两个品种存在差异,其中 pH=4.5 和 pH=3.5 酸雨处理对南农 1138－2(图 5.24a)可溶性糖含量影响不显著,多次 pH=2.5 酸雨处理则显著增加叶片中可溶性糖含量,至第 5 次处理,pH=3.5、pH=4.5 和 pH=2.5 酸雨处理下可溶性糖含量分别增加了 8.9%、28.2%和 88.35%,其中 pH=2.5 酸雨处理差异达显著水平;随着酸雨酸度的增强,科丰 1 号(图 5.24b)叶片中可溶性糖含量呈增加趋势,第 4 次处理,pH

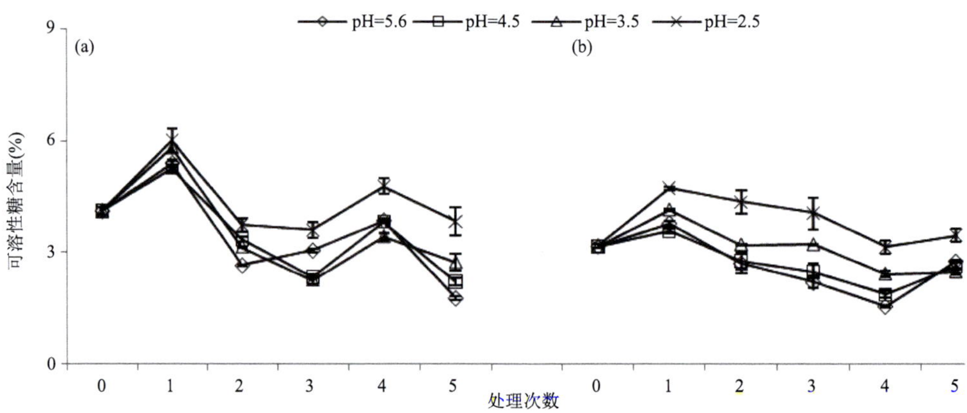

图 5.24 模拟酸雨胁迫下南农 1138－2(a)和科丰 1 号(b)叶片可溶性糖含量的变化

=4.5、pH=3.5 和 pH=2.5 酸雨处理下叶片中可溶性糖含量分别增加了 21.3%、55.9%、102.8%，pH=2.5 酸雨处理差异均达显著水平。

(2)对大豆叶片蔗糖合成酶和蔗糖磷酸合成酶活性的影响

随着生育进程发展，大豆叶片中的蔗糖合成酶的活性变化趋势平缓(图 5.25)，其中南农 1138－2(图 5.25a)酸雨处理后较对照较低，且对照>pH=4.5>pH=3.5>pH=2.5，第 4 次处理后，pH=4.5、pH=3.5 和 pH=2.5 酸雨处理后的蔗糖合成酶活性分别降低了 6.0%、11.3%和 14.5%；科丰 1 号(图 5.25b)在 pH=4.5 酸雨处理下升高了蔗糖合成酶活性，pH=3.5 和 pH=2.5 酸雨处理则降低了蔗糖合成酶活性，至最后一次 pH=4.5 酸雨处理下升高 6.4%，pH=3.5 和 pH=2.5 酸雨处理下分别降低了 7.8%和 12.5%。

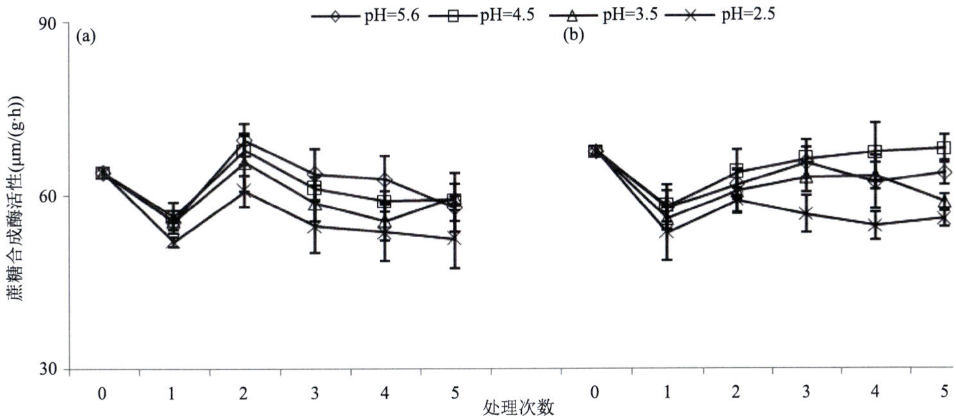

图 5.25　模拟酸雨胁迫下南农 1138－2(a)和科丰 1 号(b)叶片蔗糖合成酶活性的变化

整个生育进程中，两种大豆叶片中蔗糖磷酸合成酶活性的变化趋势有较大差异，酸雨处理后也表现出差异，两个品种除第 5 次处理外，pH=4.5 和 pH=3.5 酸雨处理均降低了蔗糖磷酸合成酶活性，pH=2.5 酸雨处理则增加了蔗糖磷酸合成酶活性，第 5 次处理后，南农 1138－2(图 5.26a)用 pH=4.5、pH=3.5 和 pH=2.5 酸雨处理后，分别使蔗糖磷酸合成酶活性增加了 6.4%、8.9%和 17.1%，而科丰 1 号(图 5.26b)的各处理蔗糖磷酸合成酶活性分别增加了 1.1%、5.7%和 31.4%(图 5.26)。

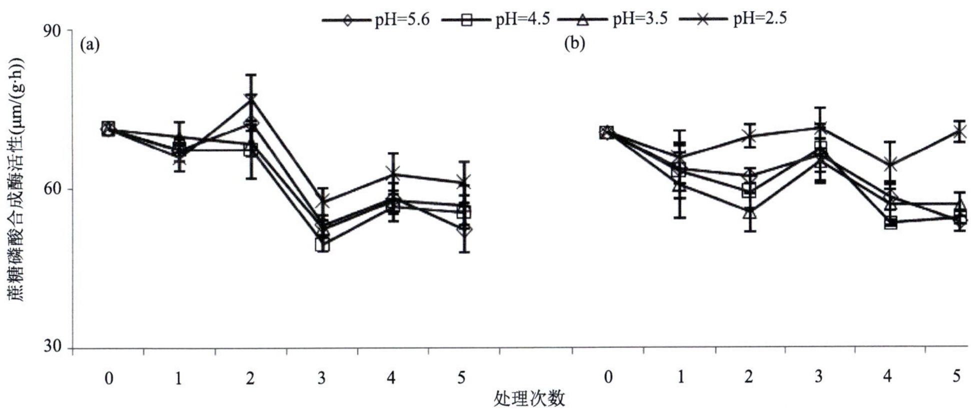

图 5.26　模拟酸雨胁迫下南农 1138－2(a)和科丰 1 号(b)叶片蔗糖磷酸合成酶活性的变化

5.3.4.2 酸雨胁迫对大豆叶片氮代谢的影响

(1)对大豆叶片氮代谢酶活性的影响

随着大豆的生长，叶片中谷氨酰胺合成酶活性品种间存在差异，各处理间变化较为一致(图 5.27)。其中南农 1138－2(图 5.27a)用 pH＝4.5 和 pH＝3.5 酸雨处理后谷氨酰胺合成酶活性低于对照，且对照大于 pH＝3.5 酸雨处理，pH＝2.5 酸雨处理则使谷氨酰胺合成酶活性增加，第 4 次处理，pH＝4.5 和 pH＝3.5 酸雨处理下谷氨酰胺合成酶活性分别降低了 4.9％和 10.48％，pH＝2.5 酸雨处理下谷氨酰胺合成酶活性增加了 4.5％，但处理间差异不显著；科丰 1 号(图 5.27b)前期处理和南农 1138－2(图 5.27a)变化趋势一致，至第 4 次处理后 pH＝4.5 和 pH＝3.5 酸雨处理分别降低了 8.2％和 12.8％的谷氨酰胺合成酶活性，pH＝2.5 酸雨处理增加了 12.8％，差异达显著水平。第 5 次处理，3 个处理的谷氨酰胺合成酶活性均较对照分别增加了 3.0％、7.2％和 15.7％。

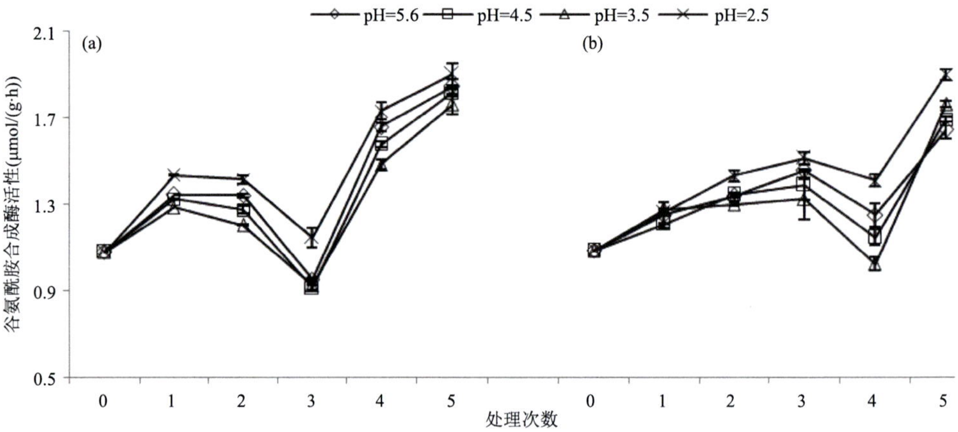

图 5.27 模拟酸雨胁迫下南农 1138－2(a)和科丰 1 号(b)叶片谷氨酰胺合成酶活性的变化

在大豆生育进程中，叶片中硝酸还原酶活性保持稳定，两种大豆表现一致(图 5.28)。不同酸雨处理对硝酸还原酶活性影响存在差异，其中南农 1138－2(图 5.28a)在 pH＝4.5 和 pH＝3.5 酸雨处理下硝酸还原酶活性无显著变化，pH＝2.5 酸雨处理显著增加了硝酸还原酶活

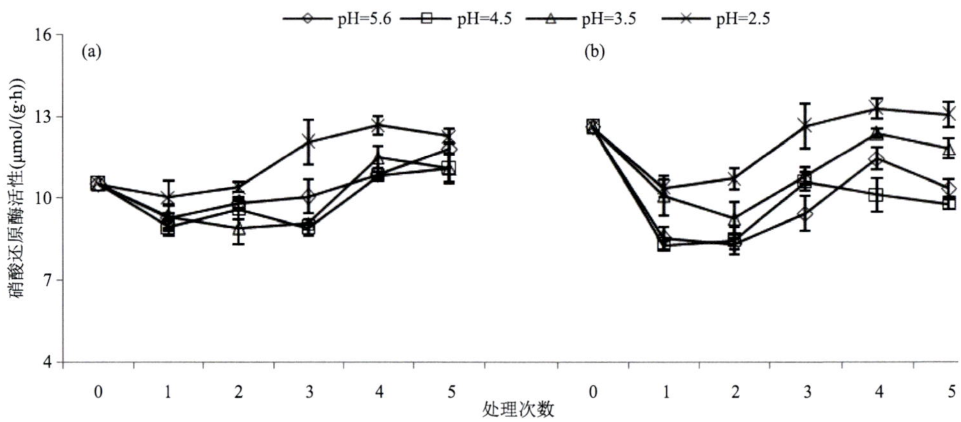

图 5.28 模拟酸雨胁迫下南农 1138－2(a)和科丰 1 号(b)叶片硝酸还原酶活性的变化

性;科丰 1 号(图 5.28b)的硝酸还原酶活性则受酸雨影响较明显,pH=3.5 和 pH=2.5 酸雨处理均显著增加了硝酸还原酶活性,pH=4.5 酸雨处理则降低了硝酸还原酶活性,至第 4 次处理,pH=4.5 酸雨处理使活性降低 11.6%,pH=3.5 和 pH=2.5 酸雨处理分别增加了 14.2%和 26.3%,差异达显著水平。

(2) 对大豆叶片可溶性蛋白含量的影响

大豆叶片中可溶性蛋白含量随着生育期的推进呈下降趋势,两种大豆趋势一致(图 5.29)。不同强度酸雨处理下,两品种可溶性蛋白含量存在差异。南农 1138-2(图 5.29a)pH <4.5 酸雨处理后的可溶性蛋白含量低于对照,第 5 次处理后,各处理可溶性蛋白含量分别较对照降低了 5.5%、12.3%和 26.2%,其中 pH=2.5 酸雨处理差异达显著水平;科丰 1 号(图 5.29b)在 pH=4.5 和 pH=3.5 酸雨处理下增加了可溶性蛋白含量,且 pH=3.5> pH=4.5,至第 5 次处理,分别增加了 13.9%和 25.6%。pH=2.5 酸雨处理则显著降低了可溶性蛋白含量,第 5 次处理,可溶性蛋白含量较对照降低了 15.9%,差异达显著水平。

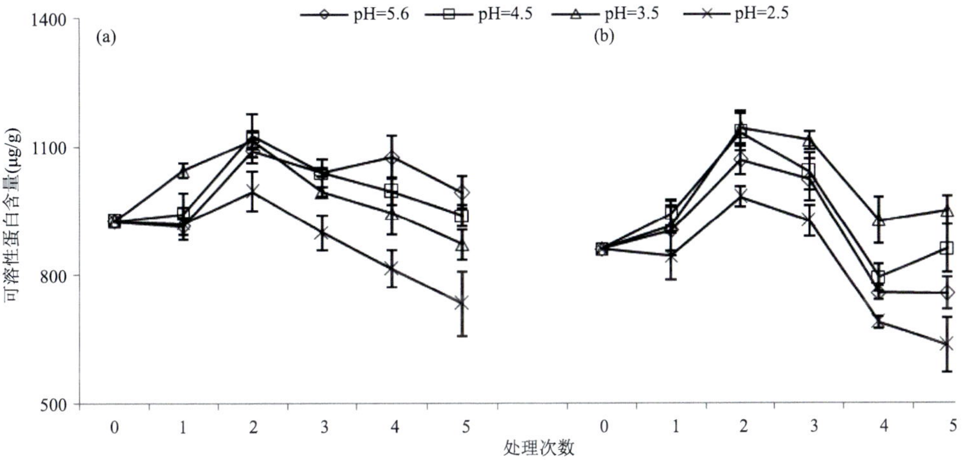

图 5.29　模拟酸雨胁迫下南农 1138-2(a)和科丰 1 号(b)叶片可溶性蛋白含量的变化

(3)对大豆叶片硝态氮和铵态氮含量的影响

大豆叶片中硝态氮含量随着生育期的推进呈先升后降的趋势。南农 1138-2(图 5.30a)用 pH=4.5 和 pH=3.5 酸雨处理,硝态氮含量低于对照,第 3 次处理后,pH=4.5 和 pH =3.5 酸雨处理分别较对照降低了 17.9%和 30.8%,差异达显著水平。pH=2.5 酸雨处理后硝态氮含量高于对照,至第 5 次处理,pH=4.5、pH=3.5 和 pH=2.5 酸雨处理分别较对照显著增加了 29.8%、24.1%和 43.0%;科丰 1 号(图 5.30b)在 3 种酸雨处理下增加了硝态氮含量,至第 4 次处理,分别较对照增加了 15.9%、24.0%和 36.2%,差异达显著水平。

大豆叶片中铵态氮含量随着生育期的推进呈先升后降的过程,变化趋势较平缓(图 5.31)。不同酸度酸雨处理对两品种的影响与硝态氮相似,南农 1138-2(图 5.30a)在 pH=4.5 和 pH=3.5 酸雨处理下的硝态氮含量低于对照,第 3 次处理后,pH=4.5 和 pH=3.5 酸雨处理分别较对照降低了 5.3%和 10.1%,差异不显著。pH=2.5 酸雨处理后硝态氮含量则显著高于对照,至第 5 次处理,pH=4.5、pH=3.5 和 pH=2.5 酸雨处理分别较对照显著增加了 6.5%、8.9%和 18.2%;科丰 1 号(图 5.31b)酸雨处理均增加了硝态氮含量,至第 4 次处理,分别较对照增加了 8.3%、12.3%和 27.4%,其中 pH=2.5 酸雨处理下的差异达显著水平。

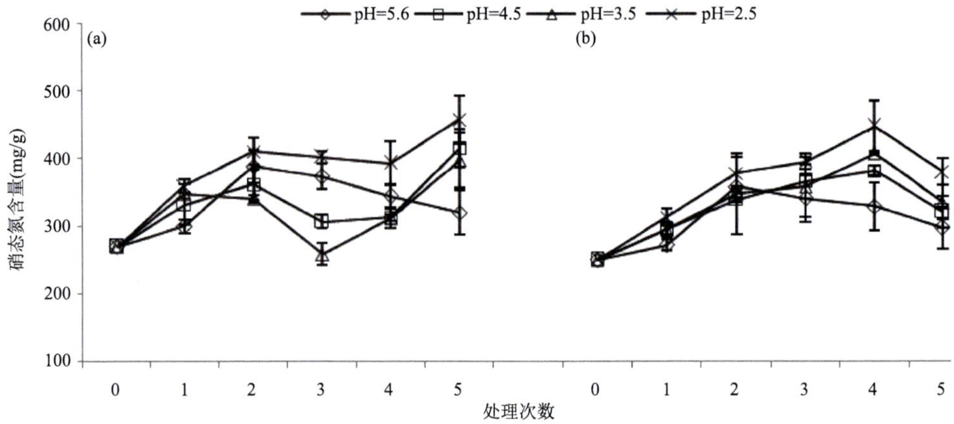

图 5.30　模拟酸雨胁迫下南农 1138－2(a)和科丰 1 号(b)叶片硝态氮含量的变化

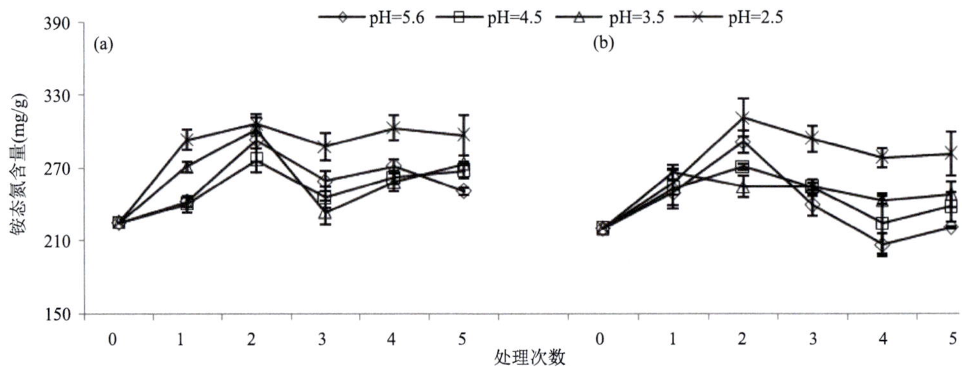

图 5.31　模拟酸雨胁迫下南农 1138－2(a)和科丰 1 号(b)叶片铵态氮含量的变化

5.3.5　结论与讨论

试验结果表明，pH≥3.5 的酸雨对大豆的生长有促进作用，促进叶绿素的合成，增加叶片叶绿素含量，从而增强叶片的光合作用，促进有机物的合成和积累。

酸雨对大豆的影响存在品种差异。当 pH＝4.5 酸雨处理时，在一定程度上刺激了大豆的生长，植株的生物量、叶绿素含量等指标均略高于对照或相当，但差异不显著。酸度较低的酸雨(pH＝3.5)对大豆碳氮代谢无显著影响，当酸雨强度过大时，则会显著影响大豆叶片碳氮代谢过程。酸雨胁迫会通过对大豆碳氮代谢关键酶活性调节，促进可溶性糖及游离氨基酸合成，加速可溶性蛋白分解，从而增加叶片渗透调节物质，缓解强酸雨条件下大豆叶片的生理失水，维持植株体内正常代谢。总之，模拟酸雨强度 pH 从 4.5 增到 3.5，可进一步促进植株生长，随着处理次数的增加对南农 1138－2 植株促进效果减弱，pH＝3.5 的酸雨处理低于 pH＝4.5 的酸雨处理，但依然高于对照。对科丰 1 号来说，pH＝3.5 酸雨的促进效果始终大于 pH＝4.5，模拟酸雨酸度的继续增大(pH＝2.5)则会抑制植株的生长，破坏叶绿体结构，减少叶绿素含量，影响叶片的主要代谢过程，抑制了干物质积累，导致干物质下降。南农 1138－2 促进效果不明显。

第 6 章　酸雨对作物产量性状及品质的影响

产量和品质是评定作物利用价值的重要指标。研究表明，酸雨胁迫抑制植物生长，降低光合同化能力，减少干物质积累，影响农作物产量构成因子，最终引起产量和品质的下降(廖咏梅 等，2005；梁骏 等，2008；曹春信 等，2010；张佩 等，2013)。酸雨对作物生长的影响，主要由酸雨强度、酸雨发生时段及作物本身对酸雨胁迫的抗性等方面决定。本章以不同抗性作物品种为材料，分别研究不同强度和不同处理时期酸雨胁迫对作物的产量性状和品质的影响。

6.1　酸雨对冬小麦产量性状及品质的影响

6.1.1　冬小麦酸雨胁迫试验设计

冬小麦酸雨胁迫试验设计方案具体见第 5 章第 5.1.1 节。

6.1.2　不同酸雨强度胁迫对冬小麦产量性状和品质的影响

6.1.2.1　对冬小麦生长量的影响

从图 6.1 可见，宁麦 13 和徐麦 31 两种小麦的地上部干重均随时间总体呈上升趋势。酸雨处理后，两种小麦的地上部干重总体呈下降趋势，且酸度越强，降低幅度越大。pH＝2.0 酸雨处理的宁麦 13 从灌浆前期开始地上部干重显著低于对照($P<0.05$)，pH＝4.0 酸雨处理的宁麦 13 从灌浆后期开始地上部干重显著低于对照($P<0.05$)(图 6.1a)；pH＝2.0 酸雨处理的徐麦 31 从灌浆前期开始地上部干重显著低于对照($P<0.05$)，pH＝4.0 酸雨处理的徐麦 31 仅在灌浆后期地上部干重显著低于对照($P<0.05$)，其余时期与对照差异不显著(图 6.1b)。

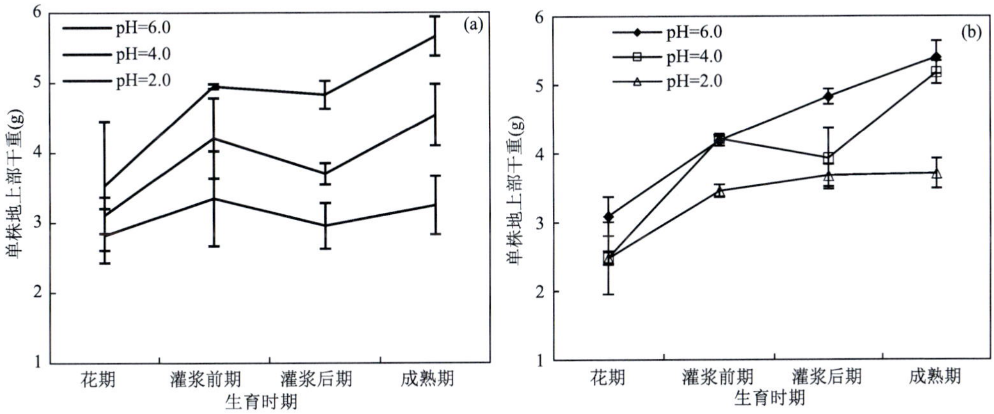

图 6.1　模拟酸雨对宁麦 13(a)和徐麦 31(b)地上部干重的影响

如图 6.2 所示，各处理小麦的叶片干重均随时间呈先升后降的趋势。酸雨处理后，两种小麦叶片干重总体呈下降趋势，且酸度越强，降低幅度越大。经 pH＝2.0 酸雨处理的宁麦 13 在各个时期叶片干重均显著低于对照（$P<0.05$），pH＝4.0 酸雨处理的宁麦 13 在各个时期叶片干重均低于对照，但只有灌浆后期与对照差异显著（$P<0.05$）（图 6.2a）；pH＝2.0 和 pH＝4.0 酸雨处理的徐麦 31 均从灌浆后期开始叶片干重均显著低于对照（$P<0.05$），其余时期与对照差异不显著（图 6.2b）。品种间对比，经 pH＝2.0 酸雨处理后，宁麦 13 的叶片干重各个时期较对照分别下降了 19.7%、20.3%、33.3%、22.7%，徐麦 31 的叶片干重各个时期较对照分别下降了 15.7%、10.4%、17.1%、46.2%，宁麦 13 叶片干重下降幅度总体大于徐麦 31（图 6.2）。

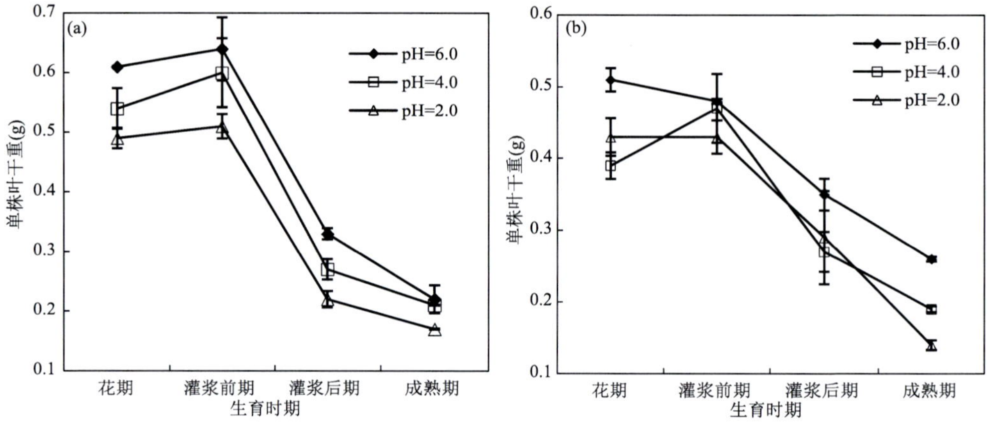

图 6.2　模拟酸雨对宁麦 13(a)和徐麦 31(b)叶片干重的影响

从图 6.3 可以看出，各处理小麦的茎鞘干重随时间呈先上升后下降的趋势。酸雨处理后，两种小麦茎鞘干重总体呈下降趋势，且随着酸雨酸度的增强下降幅度也增大。经 pH＝2.0 酸雨处理后，两种小麦各时期的茎鞘干重均显著低于对照（$P<0.05$）。pH＝4.0 酸雨处理后，宁麦 13（图 6.3a）的茎鞘干重从灌浆前期开始显著低于对照（$P<0.05$）；徐麦 31（图 6.3b）的茎鞘干重仅在开花期和灌浆后期显著低于对照（$P<0.05$），其余时期与对照差异不显著。品种间对比，经 pH＝2.0 酸雨处理后，宁麦 13 茎鞘干重各个时期较对照分别下降了 22.1%、33.5%、35.8%、29.2%，徐麦 31 茎鞘干重各个时期较对照分别下降了 26.1%、20.4%、20.2%、23.7%，宁麦 13 茎鞘干重下降幅度总体大于徐麦 31。

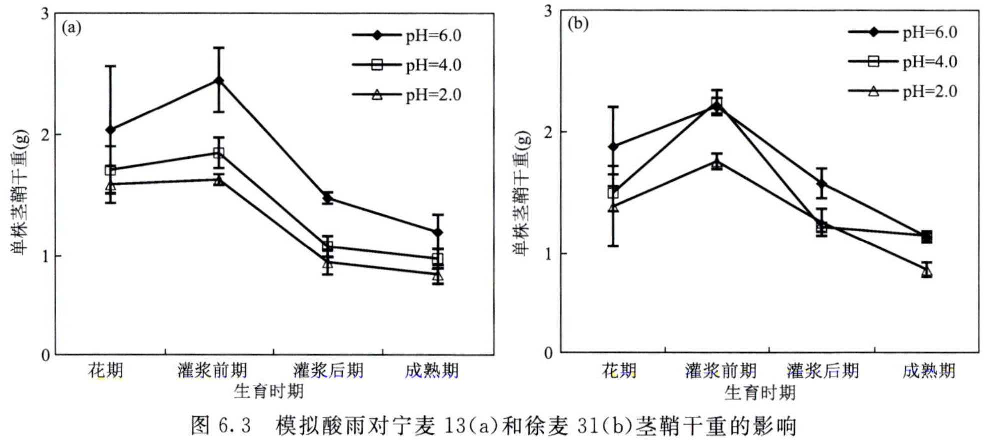

图 6.3　模拟酸雨对宁麦 13(a)和徐麦 31(b)茎鞘干重的影响

从图 6.4 可见，各处理小麦的穗干重均随时间呈上升趋势。酸雨处理后，两种小麦穗干重均有下降，且下降幅度随酸度的增强而增大。经 pH＝2.0 酸雨处理后，宁麦 13（图 6.4a）的穗干重从灌浆前期开始显著低于对照（$P<0.05$）；徐麦 31（图 6.4b）从灌浆后期开始显著低于对照（$P<0.05$）。经 pH＝4.0 酸雨处理后，宁麦 13 从灌浆后期开始穗干重显著低于对照（$P<0.05$），其余时期与对照差异不显著，徐麦 31 仅在灌浆后期穗干重显著低于对照（$P<0.05$），其余时期与对照差异不显著。品种间对比，经 pH＝2.0 酸雨处理后，宁麦 13 穗干重各个时期较对照分别下降了 17.0%、26.5%、42.6%、47.2%，徐麦 31 的穗干重各个时期较对照分别下降了 20.0%、4.1%、20.1%、35.3%，宁麦 13 的穗干重下降幅度大于徐麦 31。

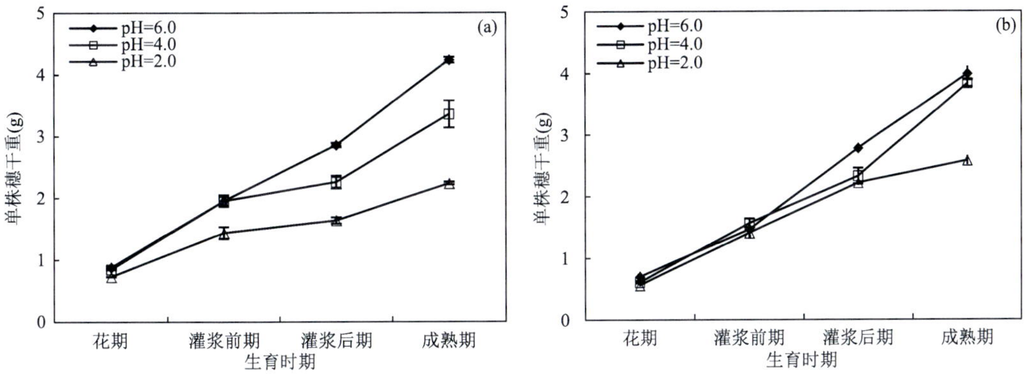

图 6.4 模拟酸雨对宁麦 13(a)和徐麦 31(b)穗干重的影响

6.1.2.2 对冬小麦产量性状的影响

酸雨处理对有效穗数略有影响。宁麦 13 在 pH＝2.0 的酸雨处理下有效穗数降低了 6.0%，而 pH＝4.0 酸雨处理和对照差异不显著；徐麦 31 在 pH＝4.0 的酸雨处理下有效穗数比对照略高，而 pH＝2.0 酸雨处理略低，但差异均不显著。酸雨处理显著降低了小麦单穗粒数、结实小穗数和产量，而显著增加了退化小穗数，且酸性越强，降低或增加幅度越大。与对照相比，经 pH＝2.0 酸雨处理后，宁麦 13 的单穗粒数和单茎产量分别下降了 48.6%和 56.9%，徐麦 31 的单穗粒数和单茎产量分别下降了 31.2%和 40.1%。酸雨处理显著降低了宁麦 13 的千粒重，而徐麦 31 经 pH＝4.0 酸雨处理后千粒重略高于对照，但不显著，pH＝2.0 酸雨处理显著低于对照。品种间比较，受酸雨胁迫后宁麦 13 产量构成因素下降幅度比徐麦 31 大，尤其是单穗粒数，宁麦 13 与徐麦 31 下降幅度差异最大（表 6.1）。

表 6.1 不同强度酸雨对两种小麦产量及产量构成因素的影响

品种	酸雨处理/pH	有效穗数	单穗粒数	千粒重(g)	退化小穗数	结实小穗数	单茎产量(g)
宁麦 13	6.0	7.3a	69.0a	37.92a	0.3d	19.0b	2.61a
	4.0	7.2a	52.4c	36.31b	1.7c	17.0c	1.90d
	2.0	6.6b	35.5e	31.79c	3.3a	16.3c	1.13f
徐麦 31	6.0	6.5b	68.2a	36.34b	0.1d	22.3a	2.47b
	4.0	6.6b	61.8b	37.05b	1.3c	20.3b	2.20c
	2.0	6.2b	46.9d	31.67c	3.0b	17.0c	1.49e

注：a,b,c,d,e,f 表示同列不同处理差异达到显著水平（$\alpha=0.05$）。

6.1.2.3　对冬小麦品质的影响

(1)对冬小麦籽粒蛋白质含量及其组分的影响

酸雨处理提高了小麦籽粒中总蛋白、清蛋白、球蛋白和剩余蛋白含量，且酸度越强，增加幅度越大。宁麦 13 和徐麦 31 经 pH＝2.0 酸雨处理后总蛋白含量分别比对照高 20.6%和 15.1%($P<0.05$)。宁麦 13 经 pH＝2.0 酸雨处理后剩余蛋白含量显著高于对照，徐麦 31 球蛋白含量显著高于对照，而其他处理与对照差异不显著。醇溶蛋白含量随酸雨强度的增加呈先降后增趋势，两品种趋势基本一致。酸雨处理降低了谷蛋白含量，尤其是徐麦 31 经 pH＝2.0 酸雨处理，显著低于对照，仅为对照的 84.8%。徐麦 31 经 pH＝4.0 酸雨处理后谷/醇略高于对照，其他各处理的谷/醇均低于对照。品种间对比，徐麦 31 各处理籽粒总蛋白含量总体高于宁麦 13，酸雨处理后升高幅度低于宁麦 13，而谷蛋白含量降低幅度要高于宁麦 13(表 6.2)。

表 6.2　不同强度酸雨对两个品种小麦籽粒蛋白质及其组分含量的影响

品种	酸雨处理/pH	总蛋白(%)	清蛋白(%)	球蛋白(%)	醇溶蛋白(%)	谷蛋白(%)	谷/醇	剩余蛋白(%)
宁麦 13	6.0	11.41c	2.21c	1.29b	3.35cd	2.71ab	0.81	1.85b
	4.0	12.04bc	2.38c	1.60ab	3.17d	2.49b	0.79	2.39ab
	2.0	13.76b	2.50bc	1.75ab	3.97ab	2.59b	0.65	2.96a
徐麦 31	6.0	14.05b	3.18ab	1.15b	4.13a	3.03a	0.73	2.55ab
	4.0	14.55b	3.63ab	1.71ab	3.65bc	2.88ab	0.78	2.69a
	2.0	16.17a	3.94a	2.30a	4.24a	2.57b	0.61	3.11a

注：a,b,c,d 表示同列不同处理差异达到显著水平($\alpha=0.05$)。

(2)对小麦籽粒淀粉及组分的影响

酸雨处理降低了籽粒总淀粉、支链淀粉的含量和支/直比，且酸度越强，下降幅度越大，而对直链淀粉影响较小。pH＝4.0 的酸雨处理后，宁麦 13 和徐麦 31 的总淀粉含量分别下降了 6.5%和 16.8%，经 pH＝2.0 的酸雨处理后，宁麦 13 和徐麦 31 的总淀粉含量分别下降了 11.8%和 20.2%。

酸雨处理降低了籽粒中可溶性糖含量，宁麦 13 籽粒中可溶性糖含量与对照差异不显著；经 pH＝2.0 酸雨处理后徐麦 31 籽粒可溶性糖含量显著低于对照，pH＝4.0 酸雨处理与对照差异不显著。品种间比较，徐麦 31 的可溶性糖含量的下降幅度大于宁麦 13(表 6.3)。

表 6.3　不同强度酸雨对两个品种小麦淀粉、可溶性糖、氨基酸和脂肪含量的影响

品种	酸雨处理/pH	总淀粉(%)	直链淀粉(%)	支链淀粉(%)	支/直 A	可溶性糖(%)	氨基酸(ug/g)	脂肪(%)
宁麦 13	6.0	72.0a	14.1a	57.9a	4.2a	5.57a	157.3c	2.04a
	4.0	67.3b	13.0a	54.3a	4.01a	4.19ab	165.8c	1.92ab
	2.0	63.5bc	14.1a	49.4ab	3.53ab	4.81ab	2414.9a	1.85b
徐麦 31	6.0	68.3ab	13.8a	54.5ab	3.66ab	4.04bc	149.6c	1.86b
	4.0	56.8cd	13.5aa	43.29b	3.28b	3.62cd	198.3b	1.76bc
	2.0	54.5d	12.6a	41.89b	3.29b	3.15d	195.9b	1.66c

注：a,b,c,d 表示同列不同处理差异达到显著水平($\alpha=0.05$)。

各处理小麦籽粒中的氨基酸含量随着酸雨强度的增大而增加。pH＝2.0 酸雨处理后，宁麦 13 和徐麦 31 小麦籽粒中氨基酸含量分别比对照高 36.6％和 30.9％($P<0.05$)。pH＝4.0 酸雨处理后，宁麦 13 籽粒中氨基酸与对照差异不显著，徐麦 31 显著高于对照。小麦籽粒的脂肪含量随着酸雨酸度增强而下降，其中 pH＝2.0 酸雨处理后，宁麦 13 和徐麦 31 的脂肪含量显著低于对照，分别比对照低 9.3％和 10.8％，而经 pH＝4.0 酸雨处理后，两种小麦的脂肪含量与对照差异不显著。

6.1.3 不同发生时段酸雨对冬小麦产量性状和品质的影响

6.1.3.1 对冬小麦生长量和形态特征的影响

宁麦 15 和济宁 12 两种小麦的地上部干重呈一直上升趋势(图 6.5)。花后不同时期酸雨处理使宁麦 15(图 6.5a)的地上部干重分别降低 9.14％、8.08％和 15.07％，处理结束一段时间，酸雨后效加剧，至花后 35 d 达最大，分别比对照减少 29.33％、18.23％和 24.08％；济宁 12(图 6.5b)不同时期酸雨胁迫表现不同，T_1 和 T_2 时期处理地上部干重上升，以 T_1 升高幅度最显著，比对照上升 8.11％，T_3 比对照降低 4.6％，处理结束至花后 20 d，T_1 和 T_2 处理与对照差异最大，分别升高 15.65％和 5.23％，之后差异减小，至花后 35 d 不同时期处理的地上部干重与对照差异都不显著。

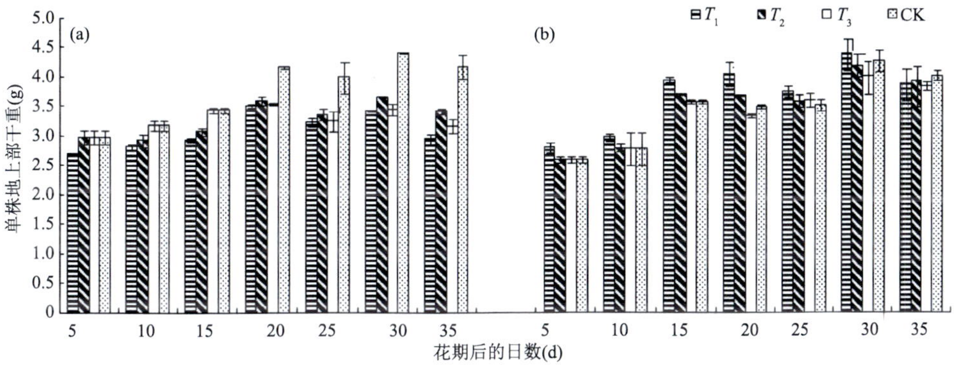

图 6.5 花后不同时期模拟酸雨对宁麦 15(a)和济宁 12(b)地上部干重的影响

花后 0～4 d 喷施两次模拟酸雨，宁麦 15 和济宁 12 都出现少量失绿伤斑，喷施 4 次以上，出现大量伤斑，同时诱发锈斑发生，并且旗叶较倒二、倒三叶严重，茎部出现少量褪绿的浅黄斑，说明新叶较老叶更易受酸雨伤害。处理结束宁麦 15 的伤斑无明显变化，而花后 15～19 d 酸雨处理 3 次以上才出现少量伤斑，处理结束伤斑并无消失。花后 5～9 d 酸雨处理，无明显伤斑。对于济宁 12 来说，花后 0～4 d 处理出现大量伤斑，但较宁麦 15 少，处理结束后 5～6 d，叶片失绿斑点面积相继变小。而花后 5～9d 处理无明显伤斑，花后 15～19 d 处理，出现少量锈斑。如图 6.6 所示为花后 20 d 不同时期处理对不同小麦品种叶片伤害示意图。

6.1.3.2 对冬小麦产量性状的影响

花后不同时期模拟酸雨处理发现，宁麦 15 单茎产量较济宁 12 大，花后不同时期模拟酸雨使宁麦 15 单茎产量都下降，济宁 12 单茎产量升高，并且变化幅度都表现为 $T_1>T_3>T_2$。T_1 和 T_2 时期处理使宁麦 15 每穗粒数显著下降，T_3 处理下降不显著；不同时期处理千粒重都较

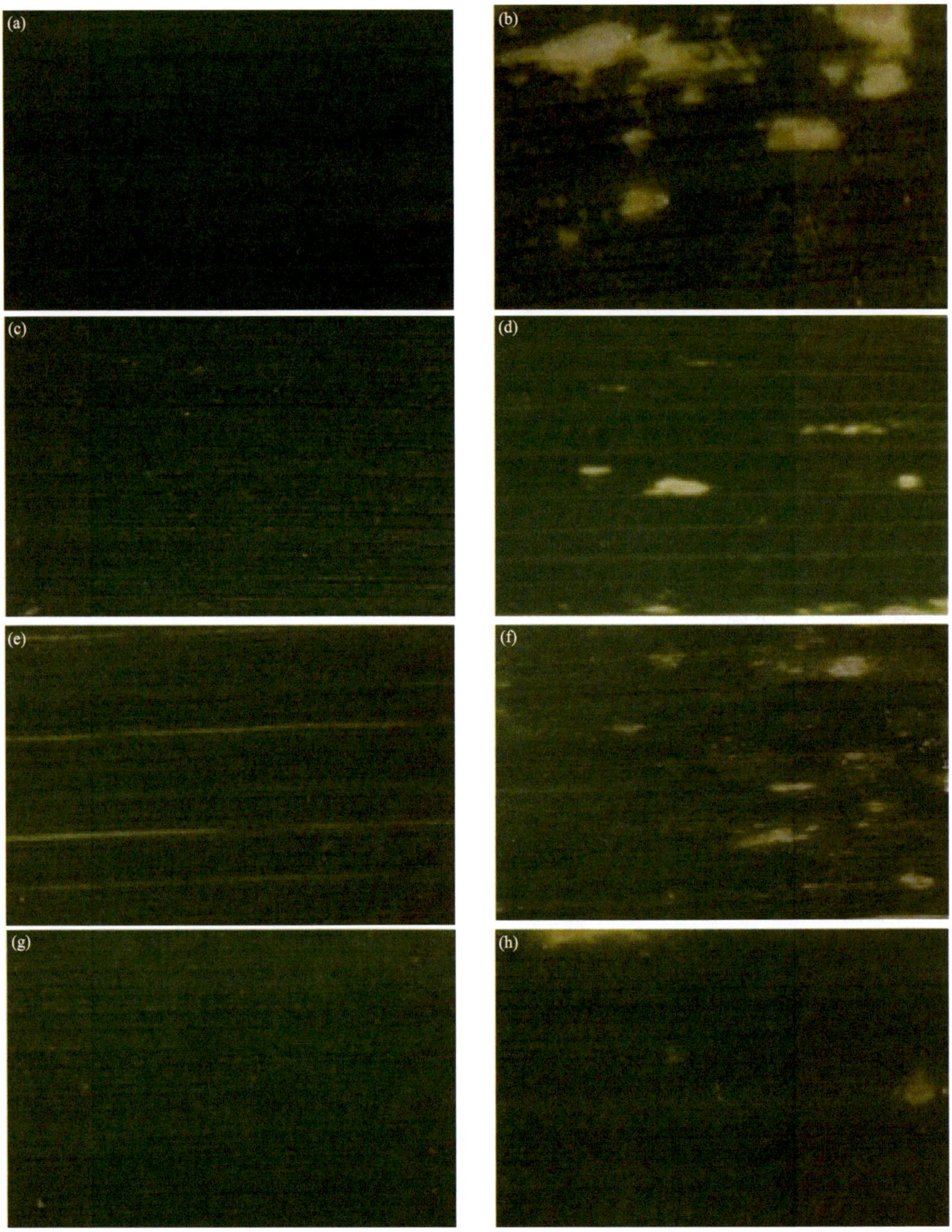

图 6.6　花后不同时期模拟酸雨对宁麦 15 和济宁 12 的影响在花后 20 d 的表现
（a. 宁麦 15 CK；b. 宁麦 15 T_1 处理；c. 宁麦 15 T_2 处理；d. 宁麦 15 T_3 处理；e. 济宁 12 CK；f. 济宁 12 T_1 处理；g. 济宁 12 T_2 处理；h. 济宁 12 T_3 处理）

对照显著下降，处理间差异显著，并且后效影响表现为 $T_1>T_3>T_2$；济宁 12 的每穗粒数处理与对照之间差异不显著，T_1 和 T_3 处理的千粒重较对照显著升高，T_2 处理千粒重下降，与对照差异不显著。而酸雨对宁麦 15 结实小穗数的影响只有 T_1 处理较对照差异显著，济宁 12 处理与对照间、处理间都不显著(表 6.4)。

表 6.4　花后不同时期模拟酸雨对 2 个小麦品种产量及产量构成因素的影响

品种	酸雨处理/pH	每穗粒数	千粒重(g)	结实小穗数	单茎产量(g)
宁麦 15	CK	55.67a	47.73bc	19.5a	2.66a
	T_1	48.33c	41.05e	17c	1.98d
	T_2	50.33b	46.73c	19ab	2.35b
	T_3	53a	43.81d	18.5abc	2.21c
济宁 12	CK	42d	49.93b	17.75bc	2.1c
	T_1	43d	52.55a	18.33abc	2.26b
	T_2	42d	48.68b	17c	2.04c
	T_3	42.67d	51.25a	18.1abc	2.19b

注：a,b,c,d,e 表示同列不同处理差异达到显著水平($\alpha=0.05$)。

6.1.3.3　对冬小麦籽粒干重及灌浆速率的影响

宁麦 15 和济宁 12 的籽粒重都呈先增后降的变化(图 6.7)。模拟酸雨使宁麦 15(图 6.7a)的籽粒干重降低，胁迫解除后一段时间，后效胁迫效应呈现先增后减的趋势，T_1、T_2 和 T_3 时期处理在花后 25 d 下降幅度最大，分别较对照降低 26.91%、14.62%和 21.24%，并且处理间差异显著，之后处理与对照间差异减小；而对济宁 12(图 6.7b)来说，T_3 时期酸雨处理较对照显著下降，处理结束一段时间后较对照显著升高，T_2 较对照升高，但差异不显著，不同时期处理都在花后 25 d 与对照间差异最大，分别较对照升高 11.44%、5.84%和 11.75%，之后与对照间差异降低，花后 35 d，T_1 较对照显著升高，T_2 较对照显著降低，T_3 与对照间差异不显著，品种间对比发现济宁 12 籽粒重对酸雨响应的变化幅度较宁麦 15 小，并且后效持续时间短。

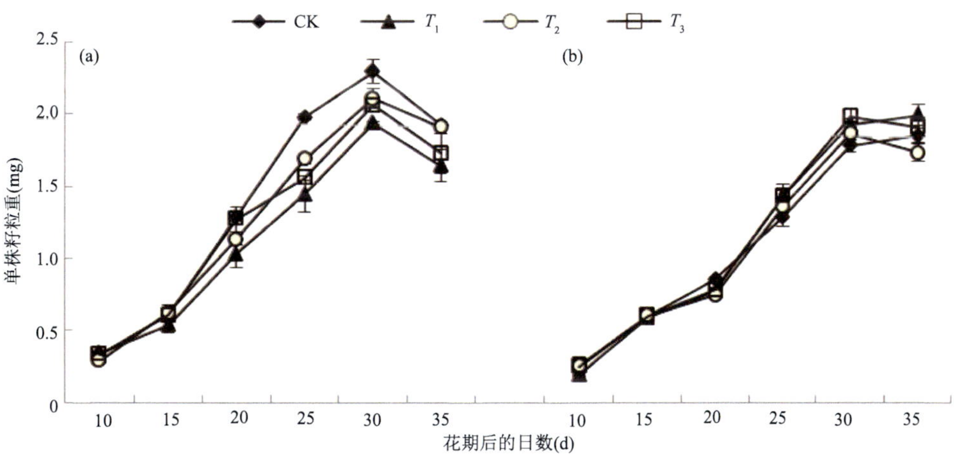

图 6.7　花后不同时期模拟酸雨对宁麦 15(a)和济宁 12(b)籽粒重的影响

两种小麦的灌浆速率都呈先增后降的单峰曲线，并且高峰值都出现在花后 25 d(图 6.8)。对宁麦 15(图 6.8a)来说，T_1、T_2 和 T_3 时期酸雨处理，灌浆高峰值都较对照提前出现，并且不同时期处理与对照间差异在花后 25 d 达最大，分别比对照降低 43.06%、26.69%和 33.1%；而对于济宁 12(图 6.8b)来说，不同时期酸雨处理使其灌浆速率降低，且 T_1 处理延迟了灌浆高峰值出现的时间，胁迫解除一段时间后灌浆速率较对照升高，并且 T_1 和 T_2 处理于花后 30 d 较对照升高幅度最大，分别升高 70.83%和 26.56%，T_3 于花后 35 d 与对照间差异最大，说明不同时期酸雨处理都使济宁 12 在灌浆后期保持较高的灌浆速率，并以 T_1 时期处理影响较严重。

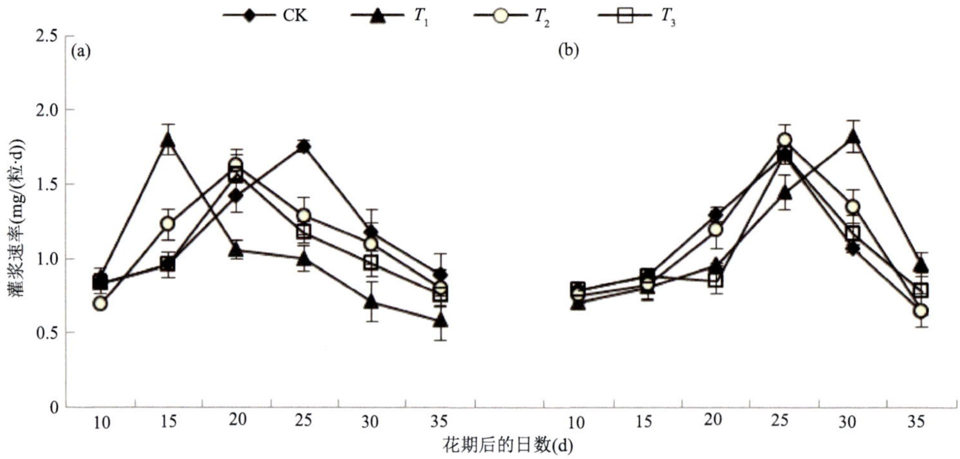

图 6.8　花后不同时期模拟酸雨对宁麦 15(a)和济宁 12(b)灌浆速率的影响

6.1.3.4　对冬小麦品质的影响

(1)对小麦蛋白质含量及组分的影响

酸雨处理对宁麦 15 和济宁 12 两种小麦蛋白质及组分含量的影响存在差异(表 6.5)。不同时期酸雨处理显著提高了宁麦 15 籽粒中总蛋白质及各蛋白质组分的含量，使总蛋白质含量分别较对照升高 25.12%、11.01%和 16.97%；显著降低了济宁 12 籽粒中总蛋白质及各蛋白质组分的含量，使总蛋白质含量分别较对照降低 21.13%、4.32%和 8.65%，且都以 T_1 时期酸雨处理的影响最严重。品种间对比，济宁 12 总蛋白质及各蛋白质组分含量都比宁麦 15 高，宁麦 15 总蛋白质及其组分对于酸胁迫更加敏感。

表 6.5　花后不同时期模拟酸雨对 2 个小麦品种蛋白质及其组分含量的影响

品种	酸雨处理/pH	蛋白质含量(%)	清蛋白(%)	球蛋白(%)	醇溶蛋白(%)	谷蛋白(%)	剩余蛋白(%)
宁麦 15	CK	12.26e	2.45e	1.56de	3.07d	3.92d	1.26d
	T_1	15.34a	3.08a	1.92a	3.84a	4.73a	1.77a
	T_2	13.61c	2.71cd	1.64cd	3.4c	4.35bc	1.51c
	T_3	14.34b	2.87b	1.85ab	3.58b	4.49b	1.55c
济宁 12	CK	14.34b	2.75cd	1.82ab	3.62b	4.53b	1.62b
	T_1	11.31f	2.26f	1.48e	2.83e	3.62e	1.12e
	T_2	13.72c	2.74c	1.74bc	3.43c	4.21c	1.6b
	T_3	13.10d	2.62d	1.66cd	3.28c	4.05d	1.49c

注：a,b,c,d,e,f 表示同列不同处理差异达到显著水平(α=0.05)。

(2)对小麦籽粒 GMP 及 HMW-GS 含量影响

由图 6.9 所示，两种小麦的麦谷蛋白大聚合体(GMP)含量都呈一直升高趋势。T_3 时期模拟酸雨处理使宁麦 15 和济宁 12 的 GMP 含量下降，与对照间差异显著。胁迫解除一段时间，随着生育进程推进，酸雨后效使宁麦 15 的 GMP 含量均较对照显著上升，至花后 35 d 上升幅度达最大，T_1、T_2 和 T_3 时期处理分别较对照升高 32.92%、16.61%和 23.44%，处理间差异显著；酸雨后效使济宁 12 处理较对照显著下降，至花后 35 d 只有 T_1 处理较对照下降 15.16%，T_2、T_3 处理与对照间差异不显著。

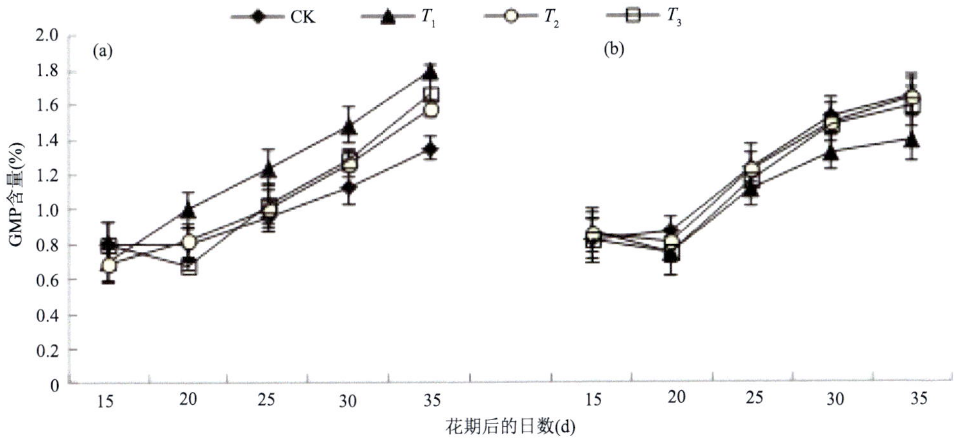

图 6.9　花后不同时期模拟酸雨对宁麦 15(a)和济宁 12(b)GMP 含量的影响

由表 6.6 可以看出，花后不同时期模拟酸雨对两种小麦的总高分子量谷蛋白亚基(HMW-GS)含量影响不同，T_1 和 T_3 时期酸雨处理显著促进了宁麦 15 籽粒总 HMW-GS 的积累，而显著抑制了济宁 12 总 HMW-GS 的积累，并且影响效果都表现为 $T_1>T_3>T_2$。对于宁麦 15 来说，显著促进了基因位点 Glu-A1，Glu-D1 编码的 HMW-GS 比例，并且 Glu-A1，Glu-D1 的比例，T_3 和 T_1 之间差异不显著，与 T_2 之间差异显著，而显著抑制了 Glu-B1 基因位点编码的 HMW-GS 比例；对于济宁 12，模拟酸雨显著促进了 Glu-A1、Glu-B1 编码的 HMW-GS 比例，且 Glu-B1 编码的 HMW-GS 比例处理之间差异不显著，而显著抑制了 Glu-D1 编码的 HMW-GS 的比例，不同时期处理的差异显著。

表 6.6　花后不同时期模拟酸雨对两种小麦 HMW-GS 含量及各基因位点(Glu-A1，Glu-B1，Glu-D1)编码的 HMW-GS 比例的影响

品种	酸雨处理/pH	总 HMW-GS 含量(μg/mg)	Glu-A1/总(%)	Glu-B1/总(%)	Glu-D1/总(%)
宁麦 15	CK	4.4c	12.79d	42.85b	44.35c
	T_1	5.37a	13.78c	36.31c	49.91a
	T_2	4.44c	12.29d	41.12b	46.59b
	T_3	4.58bc	13.3c	36.82c	49.88a
济宁 12	CK	5.35a	13.31c	42.26b	44.43c
	T_1	2.77d	18.46a	48.68a	32.86f
	T_2	5.05a	11.41e	47.6a	40.99d
	T_3	4.85b	15.24b	47.34a	37.43e

注：a，b，c，d，e，f 表示同列不同处理差异达到显著水平($\alpha=0.05$)。

(3)对小麦籽粒淀粉含量的影响

随着生育进程推进，两种小麦的总淀粉含量呈一直上升趋势，并且前期上升快，之后上升缓慢，酸雨处理使小麦淀粉含量都下降，但只有 T_3 时期处理与对照间差异显著；胁迫解除一段时间后，宁麦 15 处理仍较对照显著降低，至花后 25 d 下降幅度达最大，分别较对照降低 18.29%、8.05%和 12.69%；之后处理与对照间差异减小，至花后 35 d，T_1、T_3 处理与对照差异显著，T_2 与对照间差异不显著(图 6.10a)；而济宁 12 总淀粉含量在酸雨胁迫下呈下降趋势，胁迫解除一段时间，处理后的总淀粉含量较对照显著升高，至花后 35 d 处理与对照间差异不显著(图 6.10b)。

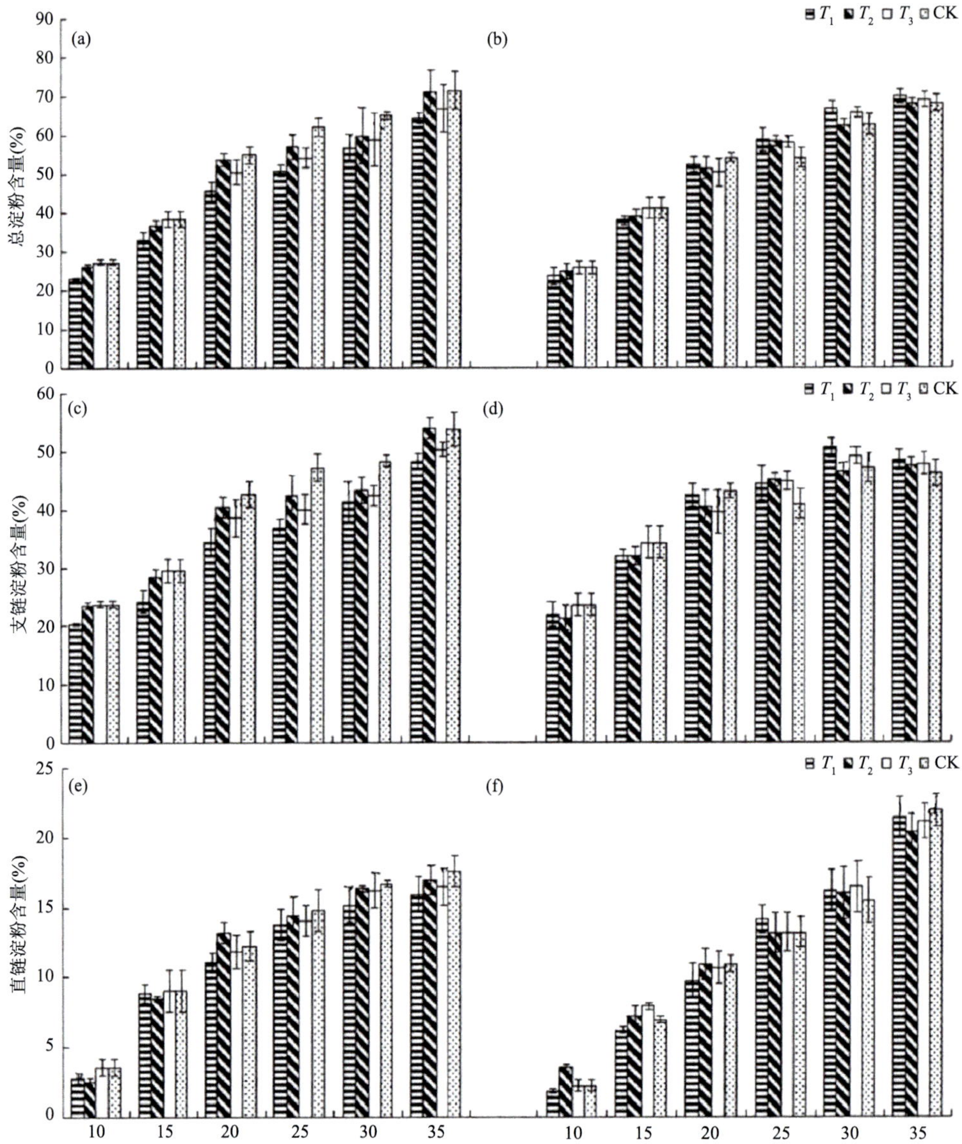

图 6.10　花后不同时期模拟酸雨对宁麦 15(a,c,e)和济宁 12(b,d,f)籽粒淀粉及组分含量的影响

支链淀粉与总淀粉的变化趋势一致，呈现先快速上升，之后缓慢上升，两种小麦表现一致，对宁麦 15(图 6.10c)，T_2 时期酸雨处理的支链淀粉与对照差异不显著，T_3 处理较对照降低 9.39%，处理结束后效胁迫效应加剧，至花后 25 d 较对照下降幅度最大，T_1、T_2 和 T_3 时期处理分别较对照降低 21.85%、10.44%和 15.13%；之后处理与对照间差异减小，至花后 35 d，T_1 和 T_3 时期处理的支链淀粉与对照之间差异显著，T_2 与对照间差异不显著；对于济宁 12(图 6.10d)，T_2 和 T_3 时期处理支链淀粉较对照显著降低，分别降低 9.85%和 8.41%，胁迫解除一段时间后，不同时期处理支链淀粉都较对照显著升高，花后 25 d 升高幅度达最大，分别较对照升高 8.72%、10.2%和 9.65%，之后处理与对照差异减小，至花后 35 d 处理与对照、处理间差异都不显著。且 T_2 时期处理对济宁 12 支链淀粉含量的影响较宁麦 15 严重，但酸雨结束一段时间，后效对宁麦 15 影响更严重，两种小麦以花后 0～4 d 酸雨处理影响最严重。

直链淀粉整体也呈一直升高趋势。不同时期酸雨处理对两种小麦的直链淀粉影响较支链淀粉小。酸雨对宁麦 15 籽粒直链淀粉影响表现为 T_2 处理较对照显著降低 28.48%，T_3 处理与对照间差异不显著，处理结束一段时间，后效胁迫效应减缓，至花后 35 d，T_1 和 T_3 时期处理与对照之间差异显著，分别降低 9.28%和 6.42%，T_2 处理与对照间差异不显著(图 6.10e)。对于济宁 12 来说，T_2 处理直链淀粉较对照显著升高 60.82%，T_3 处理差异不显著，胁迫解除后一段时间，后效胁迫效应减缓，至花后 35 d，T_2 处理较对照显著降低 6.87%，T_1 和 T_3 处理与对照间差异不显著(图 6.10f)。两种小麦都以 T_2 时期处理对直链淀粉影响较严重，但酸雨处理一段时间，酸雨对两种小麦的直链淀粉胁迫效应都会减轻，且对宁麦 15 淀粉含量影响较严重，对其中支链淀粉影响较直链淀粉严重。

6.2　酸雨对油菜产量性状的影响

6.2.1　油菜酸雨胁迫试验设计

油菜酸雨胁迫试验设计详见第 5 章第 5.2.1 节。

6.2.2　酸雨胁迫对油菜生长量的影响

由表 6.7 的数据可见，pH＝5.0 酸雨处理后油菜花期干重和成熟期干重比对照略高，但不显著，而 pH＝4.0、pH＝3.0 和 pH＝2.0 酸雨处理下花期干重和成熟期干重均显著低于对照，且全生育期酸雨处理的降幅要大于花期酸雨处理，说明较强酸雨对油菜生长有抑制作用。其中，全生育期喷施 pH＝4.0、pH＝3.0 和 pH＝2.0 酸雨处理的苗期干重分别较对照下降了 3.60%、8.06%和 18.89%($P<0.05$)；抽薹期干重分别较对照下降了 8.04%、18.62%和 33.12%；花期干重分别较对照下降了 6.92%、14.96%和 24.89%($P<0.05$)；成熟期干重分别较对照下降了 7.7%、18.29%和 27.26%($P<0.05$)。花期喷施 pH＝4.0、pH＝3.0 和 pH＝2.0 酸雨处理的苗期干重及抽薹期干重与对照无差异；花期干重分别较对照下降了 2.84%、12.43%和 21.30%($P<0.05$)；成熟期干重分别较对照下降了 4.37%、13.65%和 17.39%($P<0.05$)。

表 6.7 模拟酸雨对油菜生物量的影响

处理时段	酸雨处理/pH	苗期干重(g)	抽薹期干重(g)	花期干重(g)	成熟期干重(g)
全生育期	6.0	3.60a	9.45a	15.31abc	26.08b
	5.0	3.65a	9.89a	15.98a	27.39a
	4.0	3.47b	8.69b	14.25d	24.07c
	3.0	3.31c	7.69c	13.02e	21.31d
	2.0	2.92d	6.32d	11.50g	18.97e
花期	6.0	3.56a	9.15a	15.12bc	25.65b
	5.0	3.56a	9.15a	15.46ab	26.49ab
	4.0	3.56a	9.15a	14.69cd	24.53c
	3.0	3.56a	9.15a	13.24e	22.15d
	2.0	3.56a	9.15a	11.90f	21.19d

注:a,b,c,d,e,f,g 表示同列不同处理差异达到显著水平(α=0.05)。

6.2.3 酸雨胁迫对油菜产量性状的影响

由表 6.8 可知,pH=5.0 酸雨处理的单株角果数、每角粒数、实际产量均略高于对照,但不显著,全生育期酸雨处理的增幅大于花期酸雨处理。而 pH=4.0、pH=3.0 和 pH=2.0 酸雨处理以下单株角果数、每角粒数、实际产量均显著低于对照,全生育期酸雨处理的降幅大于花期酸雨处理。全生育期喷施 pH=4.0、pH=3.0 和 pH=2.0 酸雨处理的单株角果数分别较对照下降了 6.59%、16.97% 和 30.34%;每角粒数分别较对照下降了 2.49%、6.98%和 12.55%($P<0.05$);实际产量分别较对照下降了 13.98%、24.80%和 30.61%($P<0.05$)。花期喷施 pH=4.0、pH=3.0 和 pH=2.0 酸雨处理单株角果数分别较对照下降了 2.97%、11.46%和 21.84%;每角粒数分别较对照下降了 1.41%、5.21%和 9.77%($P<0.05$);实际产量分别较对照下降了 6.85%、15.58% 和 27.10%($P<0.05$);各处理间千粒重变化不明显。

表 6.8 模拟酸雨对油菜产量及产量构成因子的影响

处理时段	酸雨处理/pH	单株角果数	每角粒数	千粒重(g)	实际产量(g)
全生育期	6.0	125.25b	21.35bc	4.08a	9.80b
	5.0	130.33a	21.57ab	4.10a	10.43a
	4.0	117.00d	20.82d	4.03a	8.43d
	3.0	104.00f	19.86e	4.00a	7.37e
	2.0	87.25h	18.67f	3.98a	6.80f
花期	6.0	123.33bc	21.30bc	4.08a	9.63b
	5.0	127.63ab	21.45a	4.09a	10.25a
	4.0	119.67cd	21.00c	4.05a	8.97c
	3.0	109.20e	20.19d	4.02a	8.13d
	2.0	96.40g	19.22e	3.99a	7.02e

注:a,b,c,d,e,f,g 表示同列不同处理差异达到显著水平(α=0.05)。

再对模拟酸雨 pH 和油菜产量构成因素作相关分析，发现除千粒重外，单株荚果数、每荚粒数均呈显著正相关(表 6.9)，每荚粒数(0.6646)＞单株荚果数(0.4625)＞千粒重(0.2461)，其中，每荚粒数受酸雨的影响最大，随着 pH 降低，酸性增强，籽粒数会明显下降。这是由于酸雨影响增加油菜的敏感性，伤害花芽分化，从而导致开花结实受阻；单株荚果数受酸雨的影响居第二位，随着酸性增强，单株荚果数减少；千粒重与酸雨酸性之间相关不显著，由图 6.11 可见，当酸雨酸度下降到 4.0 时，较对照相比，千粒重有所下降，只是各处理间的变化并不明显。

表 6.9　模拟酸雨 pH 与产量构成因素相关分析

	酸雨 pH	单株荚果数	每荚粒数	千粒重	单株产量
酸雨 pH	1	0.4625	0.6646	0.2461	0.5949
单株荚果数	0.4625*	1	0.4324	0.1503	0.2486
每荚粒数	0.6646*	0.4324*	1	−0.0280	0.4096
千粒重	0.2461	0.1503	−0.0280	1	0.2184
单株产量	0.5949*	0.2486	0.4096*	0.2184	1

注：* 为通过 $\alpha=0.01$ 的显著性检验，样本数(n)＝42。

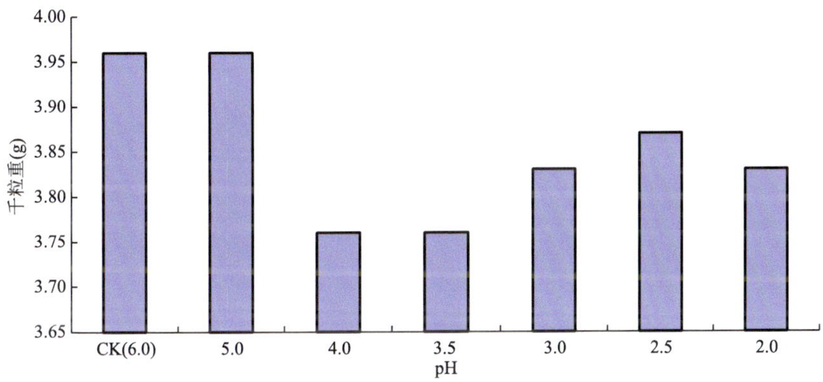

图 6.11　酸雨胁迫对油菜千粒重的影响

6.3　酸雨对大豆产量性状的影响

6.3.1　大豆酸雨胁迫试验设计

酸雨胁迫试验设计方案详见第 5 章第 5.3.1 节。

6.3.2　酸雨胁迫对大豆生长量的影响

6.3.2.1　对叶干重的影响

由图 6.12 可见，随着大豆的生育进程推进，两种基因型大豆不同处理的叶干重均呈上升趋势，南农 1138－2(图 6.12a)叶干重受酸雨影响较显著，pH＝3.5 和 pH＝4.5 酸雨处理的叶干重均高于对照，且 pH＝4.5 酸雨处理达显著差异，至第 4 次处理较对照增加了 16.7%，

pH＝2.5 酸雨处理则较对照显著降低，至第 5 次处理降低了 21.6％，差异显著。科丰 1 号(图 6.12b)酸雨处理后前 3 次处理差异不显著，第 4 次 pH＝3.5 酸雨处理比 pH＝4.5 酸雨处理的叶干重增加更为显著，pH＝4.5 和 pH＝3.5 酸雨处理分别增加了 38.8％和 51.4％，pH＝2.5 酸雨处理较对照降低 26.4％，差异均达显著水平。

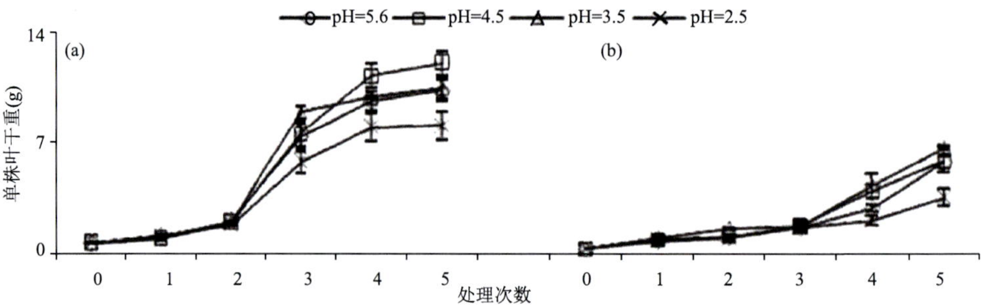

图 6.12 模拟酸雨胁迫下南农 1138－2(a)和科丰 1 号(b)叶干重的变化

6.3.2.2 对茎干重的影响

由图 6.13 可见，随着大豆的生育进程推进，两种大豆的茎干重随着生育进程推进呈先增加后降低的趋势。与酸雨对叶干重影响结果相反，南农 1138－2 茎干重受酸雨影响不显著，pH＝4.5 和 pH＝3.5 酸雨处理较对照略增加，pH＝2.5 酸雨处理下茎干重较对照降低；科丰 1 号后期酸雨处理的茎干重受影响较明显，pH＝4.5 和 pH＝3.5 酸雨处理显著增加茎干重，pH＝2.5 酸雨处理则抑制茎干物质积累，第 4 次 pH＝4.5 和 pH＝3.5 酸雨处理分别增加了 29.7％和 27.7％，pH＝2.5 酸雨处理下茎干重显著降低 54.7％，差异显著。第 5 次处理两个品种除 pH＝2.5 酸雨处理仍呈上升趋势，其他处理均有较明显下降。

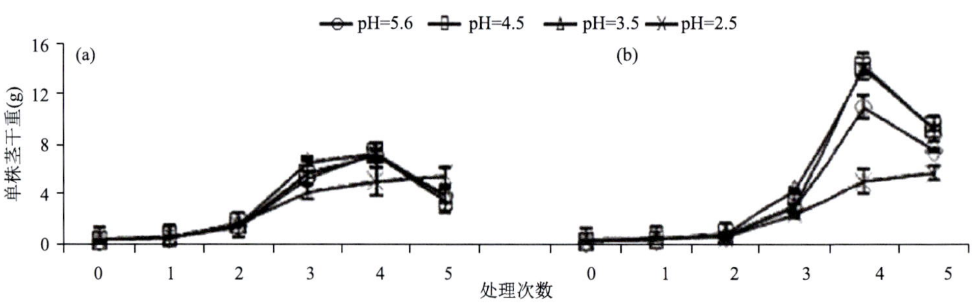

图 6.13 模拟酸雨胁迫下南农 1138－2(a)和科丰 1 号(b)茎干重的变化

6.3.2.3 对地上部干重的影响

由图 6.14 可见，南农 1138－2 和科丰 1 号两种大豆的地上部干重随着生长而增加。经 pH＝3.5、pH＝4.5 酸雨处理后的干重均显著高于对照，至第 4 次处理，两个品种 pH＝4.5 酸雨处理较对照分别增加了 9.30％和 17.10％，pH＝2.5 酸雨处理植株地上部干重则分别较对照减少了 22.70％和 15.10％，且差异均达显著水平。

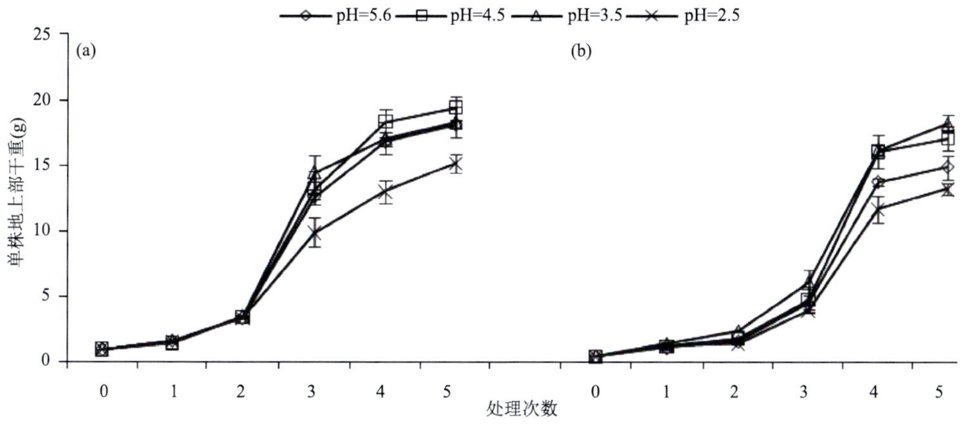

图 6.14　模拟酸雨胁迫下南农 1138－2(a)和科丰 1 号(b)地上部干重的变化

6.3.3　酸雨胁迫对大豆产量性状的影响

受酸雨胁迫，两种大豆的产量及产量构成因素均有影响，且存在差异(表 6.10)。其中南农 1138－2 的单株荚数、单株粒数、每荚粒数、百粒重、单株产量均随着酸雨强度的增加呈下降趋势，其中 pH＝2.5 酸雨处理与对照间差异达显著水平，单株荚数、单株粒数、百粒重和单株产量分别降低了 17.7%、11.9%、14.1%、28.9%；科丰 1 号经 pH＝3.5、pH＝4.5 酸雨处理均较对照显著增加，产量分别增加了 11.3%和 9.1%。pH＝2.5 酸雨处理则较对照单株荚数、单株粒数、百粒重和单株产量分别降低了 11.9%、6.5%、17.5%、22.9%，达显著水平。

表 6.10　模拟酸雨对大豆产量及构成因素的影响

品种	酸雨处理/pH	单株荚数	单株粒数	每荚粒数	百粒重(g)	单株产量(g)
南农 1138－2	5.6(CK)	43.4a	76.9a	1.77a	22.87a	17.36a
	4.5	44.1a	77.3a	1.75a	22.58a	17.50a
	3.5	41.2a	74.0a	1.79a	22.20a	16.68b
	2.5	35.7b	65.7b	1.89a	16.31b	10.77c
科丰 1 号	5.6(CK)	55.3a	85.5b	1.55a	11.60a	9.92c
	4.5	58.7a	94.7a	1.61a	11.67a	11.05a
	3.5	57.0a	93.4a	1.64a	11.59a	10.83b
	2.5	48.7b	79.9c	1.64a	9.56b	7.64d

注：a，b，c，d 表示同列不同处理差异达到显著水平(α=0.05)。

6.4　结论与讨论

以冬小麦、油菜和大豆为材料，通过酸雨模拟试验研究酸雨对作物产量性状和品质的影响，得出以下结论：

(1)强酸雨(pH≤4.0)胁迫下，冬小麦生物量和籽粒产量显著下降，且有品种差异。在产量构成因素中，小麦穗粒数对酸雨胁迫最为敏感，这可能是因为抽穗期开始喷施酸雨，不仅对幼嫩麦穗产生直接伤害，也影响了小麦开花和受精，退化小穗和小花数显著增多，降低了结实率，可见花期可能是小麦对酸雨胁迫较敏感的时期，产量构成因素都受到不同程度的影响，从而影响产量。酸雨胁迫提高了小麦籽粒游离氨基酸和蛋白质含量，且酸度越强，上升趋势越显著；降低了小麦籽粒淀粉含量，尤其是支链淀粉含量下降明显；降低了小麦籽粒中脂肪含量，酸度越强，下降幅度越大。

(2)强酸雨(pH≤4.0)胁迫下，油菜单株角果数、每角粒数、实际产量均显著低于对照，且全生育期酸雨处理的降幅大于仅花期处理的。相关分析发现除千粒重外，单株荚果数、每荚粒数、单株产量均呈显著正相关，每荚粒数受酸雨的影响最大，随着酸雨酸度增强，籽粒数会明显下降。与对照相比，当 pH≤4.0 时，千粒重有所下降，但各处理间变化并不明显。

(3)两种基因型大豆在受到酸雨胁迫后的反应有所不同，pH＝4.5 酸雨处理均不同程度地促进了两个品种的生长，这可能是因为弱酸条件提高了大豆叶片中生理活性，促进了大豆的代谢，进而改善了大豆生长状况；而 pH＝3.5 酸雨处理下，科丰 1 号仍表现为促进作用，对南农 1138－2 促进效果不明显；pH＝2.5 酸雨处理对大豆表现为重度伤害，大豆的地上部分干重、产量及产量构成因素均受到较大影响。

第 7 章　酸雨对江苏主要农作物产量的影响

酸雨对作物的影响分为两个方面，一是酸雨进入土壤后会改变土壤理化性质，间接影响植物的生长；二是酸雨直接作用于植物，破坏植物形态结构、损伤植物细胞膜、抑制植物代谢功能，进而影响产量构成(Subayda et al.，1986；刑廷铣，2002；童贯和，2005；张雪蓉 等，2010；张佩 等，2013)。鉴于作物对酸雨的敏感性差异，对产量构成或最终产量的影响，不同作物也反映不一。大量模拟研究表明，在酸雨 pH＝3.0 左右时，油菜最敏感，小麦、玉米、大麦等次之，最后是大豆和水稻，蔬菜比谷类作物更易受酸雨危害(Huber et al.，1994；刘连贵 等，1996；曾庆玲 等，2005；廖咏梅 等，2005)。

7.1　酸雨对油菜产量的影响

江苏省油菜种植主要集中在盐城、淮安、扬州、泰州、南通、镇江及南京等地。常年种植面积接近 50 万 hm^2，其中大面积种植在沿淮和沿江之间，该区域酸雨污染程度仅次于苏南地区。

7.1.1　数据来源与方法

7.1.1.1　数据来源

本章所需 1992—2011 年的油菜产量资料(南京市高淳区)和生育期资料(表 7.1)来自江苏省统计局，同步的酸雨监测数据和气象数据(气温、降水)均来自南京市气象观测站(江宁区)。经检验，以上数据均近似满足正态分布，进行相关、回归分析结果是可靠的。

表 7.1　南京地区油菜各生育期平均日期

生育期	移栽期	成活期	现蕾期	抽薹期	开花期	成熟期
日期	10 月 25 日	10 月 29 日	2 月 2 日	2 月 18 日	3 月 19 日	5 月 20 日

7.1.1.2　提取气象产量

采用 5 年滑动平均法将实际单产(y)分离为依社会生产水平变化而变化的趋势单产(y_t)、随历史气象条件变化的气象单产(y_w)和随机误差(ε)，通常情况下，ε 可以忽略不计。其模型可为：

$$y = y_t + y_w \tag{7.1}$$

为了消除历年生产水平对 y_w 造成的影响，一般使用相对气象单产(y'_w)进行分析。即：

$$y'_w = 100(y - y_t)/y_t \tag{7.2}$$

7.1.1.3　年增长率计算

为较好地剔除作物品种差异、农技措施等因素对产量造成的波动，主要研究降水 pH 对油菜产量形成的影响。设计区域油菜单产年增长率 Y 和降水 pH 年增长率 X，重点分析两者之间的相互关系，可得出酸雨对油菜生产的影响程度，据此：

设 i 年油菜单产为 y_{ni}，则上一年油菜单产为 y_{ni-1}，第 i 年油菜单产年增长率为 Y_i，则有：

$$Y_i=\frac{y_{ni}-y_{ni-1}}{y_{ni-1}}\times 100 \tag{7.3}$$

降水 pH 年增长率 X 的计算方法同(7.3)式，具体略。

7.1.2　结果分析

7.1.2.1　全生育期降水 pH 对大田油菜产量的影响

南京地区大田油菜的生长期为当年 9 月下旬至次年 5 月下旬。首先分析全生育期内降水的平均 pH 与油菜单产的年增长率发现(图 7.1)，南京地区油菜单产与 pH 年增长率的时间波动基本一致，年际间极值几乎同步出现，如 1994 年、1995 年、1999 年、2004 年，二者对应关系十分明显，1999 年油菜产量和降水 pH 的年增长率均出现极大值，油菜的大增产年基本对应着降水 pH 上升年份，即降水酸性弱的年份，年增长率分析说明二者之间存在正相关。

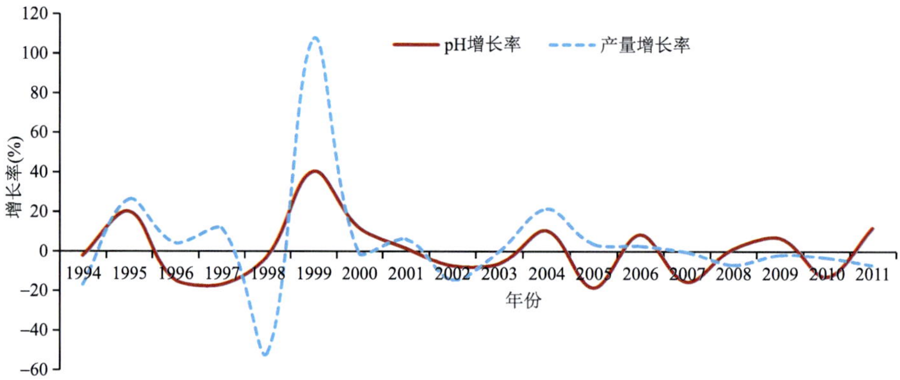

图 7.1　南京市油菜单产和生育期降水平均 pH 年际增长率

由于作物气象产量的年际变化主要是年际间气象条件(温、光、水、风、灾害性天气等)的综合差异造成的。因此，可以认为当气象条件无明显年际差异时，降水 pH 可能成为影响油菜产量的主导因子，而当气象条件出现异常时，降水 pH 作为影响因子之一，相关性可能受到抵消，如 1998 年，虽然降水 pH 年增长率变幅很大(－14.5%)，但油菜产量没有明显下降，接近平产。

设油菜单产年增长率为 Y，全生育期降水平均 pH 的年增长率为 X，采用多项式模拟其间的关系，得出如下：

$$Y=0.006X^5-0.2717X^4+4.4671X^3-31.516X^2+85.953X-60.942 \tag{7.4}$$

$$R^2=0.8312$$

式中，R 为复相关系数，稳定通过 $\alpha=0.01$($R=0.912>\alpha_{0.01}=0.684$)的显著性检验。说明油菜单产与生育期降水 pH 年变率之间存在显著的多项式正相关，即在不考虑其他因素的情况下，油菜产量随生育时段内降水 pH 的升高而增加，反之，随降水 pH 的下降而减少。

7.1.2.2 逐月降水 pH 对大田油菜产量的影响

将 10 月—次年 5 月逐月降水 pH 与油菜气象产量做相关分析(表 7.2)发现,1 月、3 月和 4 月与产量相关显著。其中 $R_{3月}=0.570>\alpha_{0.01}=0.549$ 和 $R_{1月}=0.569>\alpha_{0.01}=0.549$ 通过 $\alpha=0.01$ 显著性检验,$R_{4月}=0.464>\alpha_{0.05}=0.433$ 通过 $\alpha=0.05$ 显著性检验。这说明 1—4 月的降水 pH 对油菜后期产量形成有重要影响。根据南京地区油菜常年生育期,此时正处于苗后期—开花期,是营养生长和生殖生长的旺盛阶段,这个阶段的酸雨胁迫会对油菜生长发育产生严重影响,具体可表现为株高、叶面积生长受抑,严重时可出现可见性伤害,由此影响后期油菜籽的品质。

表 7.2 逐月降水 pH 与油菜气象产量相关系数

	1 月	2 月	3 月	4 月	5 月	上年 10 月	上年 11 月	上年 12 月	气象产量
1 月	1	0.349	0.645	0.586	0.696	0.418	0.422	0.129	0.569**
2 月	0.349	1	0.724	0.409	0.364	0.254	−0.177	−0.106	0.377
3 月	0.645	0.724	1	0.818	0.548	0.179	0.389	−0.088	0.570**
4 月	0.586	0.409	0.818	1	0.499	0.008	0.601	−0.189	0.464*
5 月	0.696	0.364	0.548	0.499	1	0.570	0.397	−0.051	0.324
上年 10 月	0.418	0.254	0.179	0.008	0.570	1	0.094	0.062	0.135
上年 11 月	0.422	−0.177	0.389	0.601	0.397	0.094	1	−0.019	0.171
上年 12 月	0.129	−0.106	−0.088	−0.189	−0.051	0.062	−0.019	1	0.090
气象产量	0.569*	0.377	0.570*	0.464**	0.324	0.135	0.171	0.090	1

注:* 为通过 $\alpha=0.05$ 的显著性检验;** 为通过 $\alpha=0.01$ 的显著性检验。

采用多元回归分析,建立油菜气象产量与 1 月、3 月及 4 月降水 pH 的回归模型,可用于产量灾损模拟。

$$Y=-54.8255+7.456837X_{1月}+4.233448X_{3月}-1.02118X_{4月} \tag{7.5}$$

式中,Y 为油菜相对气象产量,$X_{1月}$ 为 1 月降水 pH,$X_{3月}$ 为 3 月降水 pH,$X_{4月}$ 是 4 月降水 pH,复相关系数 $R=0.6402$,经检验 $F=3.24>F_{0.05}=3.16$,回归方程达到显著水平。

利用上述回归方程回代逐年月降水 pH(图 7.2)可见,相对气象产量的实况与模式模拟值历年趋势基本一致,个别极值年份也可准确模拟,虽然误差较大,但对于油菜产量的趋势预测仍有一定实际意义。

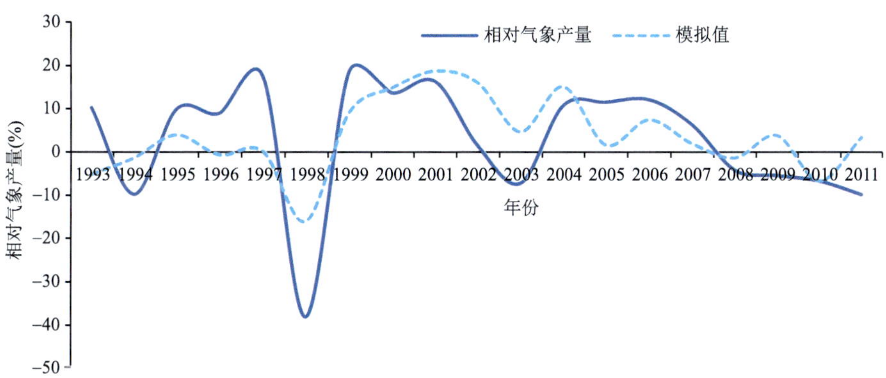

图 7.2 1993—2011 年相对气象产量与模式模拟值

7.1.3　结论与讨论

(1)通过全生育期内降水 pH 与油菜气象产量的相关分析,发现相关系数通过 $\alpha=0.01$ 显著性检验,说明生育期内降水 pH 与油菜最终产量显著正相关。即随着 pH 上升,降水酸性减弱,油菜产量增加;反之当降水 pH 下降,降水酸性增强,油菜产量下降,这与盆栽试验结果一致。

(2)对油菜气象产量与逐月降水 pH 做相关分析,发现 1 月、3 月、4 月的降水酸性对油菜最终产量有影响,其中 3 月的正效应最大,通过 $\alpha=0.01$ 显著性检验。这说明油菜苗后期—抽薹受酸雨影响最明显。

(3)采用多元回归分析方法,建立油菜气象产量与 1 月、3 月及 4 月降水 pH 的回归模型,既可用于油菜产量的酸雨灾损评估,也可用于产量趋势预测,效果较好。

通过对油菜生长过程和气象产量研究发现,除了降水酸性对油菜的直接或间接损伤外,日照、气温、土壤特性以及作物品种等都对最终产量有影响,各要素在油菜产量形成过程中可能存在着相互促进或抵消的关系,分析单一要素对产量的影响,必然存在片面性。因此,酸性降水对油菜的影响尚需深入探索。

7.2　酸雨对冬小麦产量的影响

江苏省冬小麦常年种植面积约有 200 万 hm^2,其中酸雨频发的淮河以南地区占了 50%,对酸雨敏感的冬小麦在大田生产中是否受到影响、影响程度大小以及如何展开科学防御都需要开展针对性研究。本节利用南京市历年小麦产量数据和同步台站酸雨监测数据评估自然环境下酸雨对冬小麦生长的影响,掌握冬小麦生长过程中对酸雨的敏感时段及最终产量可能出现的响应,有望为农业生产中酸雨防御提供有效建议。

7.2.1　数据来源和方法

7.2.1.1　数据来源

酸雨观测资料来源于南京市气象观测站(江宁区)1992—2006 年的逐日观测资料,主要项目有降水 pH、降水量、K 值、日照时数、气温、气压、风向和风速等。冬小麦产量资料来自江苏省统计局。

7.2.1.2　产量处理方法

小麦产量处理方式同油菜,见第 7.1.1 节。

7.2.2　结果分析

7.2.2.1　全生育期降水平均 pH 对产量的影响

南京市小麦生育期常年在 10 月中旬到次年 5 月下旬,据此,统计期间的逐年降水平均 pH,并计算出期间降水 pH 的年增长率,将其与小麦单产年增长率点成图(图 7.3)。

分析全生育期内降水平均 pH 与小麦单产的年增长率发现,南京地区小麦单产与降水 pH 年增长率的时间波动基本一致,虽然个别年份不同步,但年际间极值同步出现,如 1999 年、

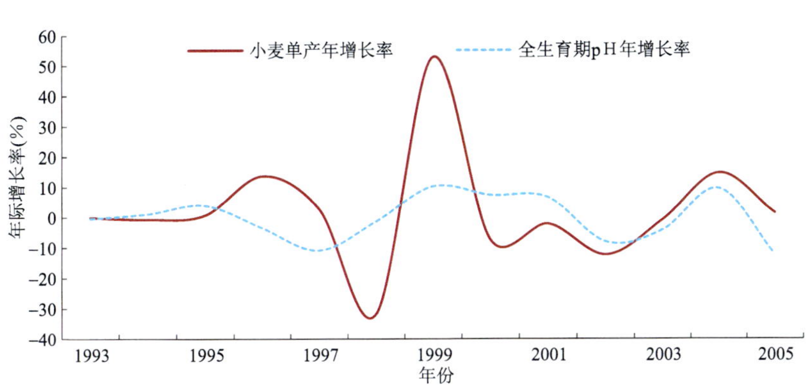

图 7.3　南京市小麦单产和生育期降水平均 pH 年际增长率

2002 年、2004 年，二者对应关系十分明显，2002 年小麦产量和降水 pH 的年增长率均出现极小值，1999 年则同时出现极大值，2001 年又同时开始下降。也就是说小麦的大增产年基本对应着降水 pH 上升，即降水酸性较弱的年份，说明二者之间存在一定正相关。

设小麦单产年增长率为 Y，小麦全生育期降水平均 pH 的年增长率为 X，采用多项式模拟其间的关系，得出如下：

$$Y=0.0017X^6-0.0644X^5+0.919X^4-6.3729X^3+22.389X^2-38.531X+23.846$$
$$R^2=0.7034 \tag{7.6}$$

式中，R 为复相关系数，稳定通过 $\alpha=0.01$（$R=0.839>\alpha_{0.01}=0.684$）的显著性检验。说明小麦单产与生育期降水 pH 之间存在显著的多项式正相关，即在不考虑其他因素的情况下，与油菜一样，小麦产量随生育时段内降水 pH 的升高而增加，反之，随降水 pH 的下降而减少。

7.2.2.2　逐旬降水平均 pH 对产量的影响

农作物对酸性降水的敏感性受诸多生态环境因子的影响，同一农作物对酸雨的敏感性随生育期不同也会不同。为了客观准确评估不同时段酸雨对小麦产量的影响，采用多项式进行模拟逐旬降水平均 pH 与小麦产量的关系，以寻找酸雨对小麦产量影响的关键期。

计算逐旬降水 pH 与小麦产量年际变率之间的复相关系数（图 7.4），发现只有 5 个旬的资料未通过 $\alpha=0.05$ 的显著性检验，分别为 12 月下旬、1 月下旬、2 月中旬、4 月上旬、5 月下旬，其余旬均通过 $\alpha=0.05$ 的显著性检验，具体相关时段见表 7.3。

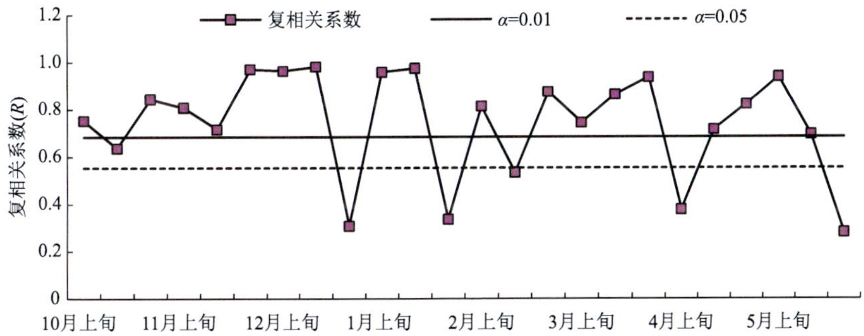

图 7.4　逐旬降水 pH 与小麦产量的复相关系数

表 7.3 南京市冬小麦生育期内的酸雨敏感时段

酸雨时段	10 月上旬至 12 月中旬	1 月上旬至中旬	2 月下旬至 3 月下旬	4 月中旬至 5 月中旬
小麦生育期	播种至冬前苗期	越冬期	返青拔节期	抽穗期

为进一步分析以上各时段降水 pH 对小麦产量的影响，采用多项式模拟时段内降水平均 pH 与小麦产量的年际变率之间的关系：

10 下旬至 12 月中旬：

$$y_1=0.0007x^6+0.0416x^5-0.9021x^4+9.2417x^3-45.581x^2+93.951x-53.287 \quad R^2=0.7802 \tag{7.7}$$

式中，y_1 为小麦单产年增长率，x 为时段降水 pH 年增长率，R 为复相关系数。

1 月上旬至中旬：

$$y_2=-0.0015x^6+0.09285x^5-2.0489x^4+21.171x^3-107.12x^2+244.82x-188.38 \quad R^2=0.9495 \tag{7.8}$$

式中，y_2 为小麦单产年增长率，x 为时段降水 pH 年增长率，R 为复相关系数。

2 月下旬至 3 月下旬：

$$y_3=0.0018x^6-0.06735x^5+0.9605x^4-6.42751x^3+20.094x^2-26.951x+13.933 \quad R^2=0.7235 \tag{7.9}$$

式中，y_3 为小麦单产年增长率，x 为时段降水 pH 年增长率，R 为复相关系数。

4 月中旬至 5 月中旬：

$$y_4=-0.0074x^6+0.3004x^5-4.6627x^4+34.6861x^3-125.2x^2+194.1x-95.812 \quad R^2=0.6335 \tag{7.10}$$

式中，y_4 为小麦单产年增长率，x 为时段降水 pH 年增长率，R 为复相关系数。

通过比较模拟方程的复相关系数，发现南京市冬小麦对酸雨的敏感性随着生育期不同而异，对小麦产量的影响也有所差异。敏感性从大到小依次为越冬期＞播种期至冬前苗期＞返青拔节期＞抽穗期。

造成不同生育阶段酸雨对小麦产量影响差异的原因，一方面，由于农作物不同叶龄期的叶片对酸雨的敏感性不同，在拔节期前小麦的叶龄小，抗酸能力差，尤其是植株顶部新展开、生理功能旺盛的叶片对酸雨最为敏感，很容易受害。而到生长后期，作物叶片已基本成熟，抗酸能力增强，对酸雨敏感性减弱，不易受害。另一方面，可能与南京市酸雨的季节分布有关，秋冬季的酸雨发生频率和强度均高于春季。因此，处于抽穗成熟期的酸雨对小麦影响略小于其他生育期。

7.2.3 结论与讨论

(1)南京市小麦单产年增长率与生育期降水平均 pH 的年增长率时间波动基本一致，年际间极值同步出现，说明生育期降水 pH 对小麦产量有明显影响。

(2)通过多项式拟合对上年 10 月至次年 5 月逐旬以及全生育期降水平均 pH 与小麦产量

进行模拟，发现小麦产量与生育期内降水平均 pH 之间呈显著正相关，小麦产量随着降水 pH 上升而增加，即降水酸性弱对应着产量高，反之，小麦产量随降水 pH 的下降而减少，降水酸性强，产量低。

(3)南京市小麦对酸雨的敏感性随生育期不同而异。越冬期酸雨对小麦产量影响最显著，其次是播种期和苗期，然后是返青拔节期，在抽穗期小麦受酸雨影响相对小，对最终单产的影响也弱于其他生育期。

(4)鉴于酸雨对南京小麦生产所造成的显著影响，为保障农业的可持续发展，建议大力发展风能、太阳能等可再生清洁能源，采取有效措施控制 SO_2 的排放；提高土壤的缓冲能力，缓解土壤酸化过程；在农业生产尽量选用抗酸性强的小麦品种，以稳定粮食产量，减少经济损失。

7.3　酸雨对淮北大豆产量影响

酸雨胁迫同样不利于豆类作物的种子萌发，pH＝3.5 的酸雨处理时会引起叶片伤害，pH＝2.1 的酸雨处理时叶片会产生较大的枯斑甚至直接死亡。孙金月等(2011)对我国 1033 份大豆品种进行耐酸雨鉴定，仅筛选出 68 份耐酸雨品种，可见大多数大豆品种对酸雨缺乏抗性。淮北地区是我国优质蛋白大豆和鲜食菜用大豆的传统生产基地，占江苏种植面积一半以上(江苏省农学会，1995；陈新 等，2011；张国正 等，2016)。2007 年以来，该地区酸雨发生总体呈减弱趋势，年平均酸雨发生频率从 70%下降到 10%左右，但局部地区仍不时有酸雨出现，而大豆生长期(6 月上旬至 9 月下旬)又恰逢雨季，遭受酸雨危害的风险较高，酸雨对大豆生长环境及产量的影响需引起重视。

本节以江苏淮北地区为研究区，利用 1992—2013 年的降水 pH 和大豆产量资料，采用拉格朗日插值法计算出大豆产量灾损率，并与大豆各生育时期内降水 pH 进行相关分析。通过建立灾损率的评估模型，分析自然条件下酸雨对大豆生长和产量的影响，旨在为大豆耐酸雨栽培提供一定的理论依据。

7.3.1　数据来源和方法

7.3.1.1　数据来源

所用数据详见 4.2.1.1。根据大豆生育期观测资料，淮北地区大豆生育期普遍在 6 月 12 日—9 月 25 日(表 7.4)，主要分为 7 个生育阶段。

表 7.4　淮北地区大豆各生育期平均日期

生育阶段	播种至出苗期	出苗至三叶期	三叶至分枝期	分枝至开花期	开花至结荚期	结荚至鼓粒期	鼓粒至成熟期
日期	6 月 12—18 日	6 月 19—25 日	6 月 26 日—7 月 18 日	7 月 19—23 日	7 月 24 日—8 月 5 日	8 月 6 日—9 月 1 日	9 月 2—25 日

7.3.1.2　计算产量损失率

淮北地区大豆的产量损失多由干旱、雨涝、低温以及冰雹等各种气象灾害共同造成，其中也不排除酸雨的影响。为提取酸雨造成大豆产量的可能灾损，尝试在其他气象灾害影响相同的前提下，忽略品种更替，采用拉格朗日插值法计算出无酸雨灾害下的期望产量，即未受酸雨影响下的可能产量预期值(宫德吉 等,1999;王健 等,2013;吴艳飞 等,2016)。实际上,大豆全生育期内理想的气象条件并不多见,基本无灾年也是少之又少。以酸雨样本较多的徐州市为例,1992—2013 年的 21 年中,仅 1994 年、2002 年和 2013 年大豆生育期内基本未出现酸雨,对应的大豆单产分别为 1577 kg/hm²、3469 kg/hm²、2747 kg/hm²,被看作是相应年份的期望产量。

假设某地区先后出现的 $x_1, x_2, \cdots, x_n$ 是基本无灾年,对应的大豆产量 $y_1, y_2, \cdots, y_n$ 被看作相应年份的期望产量。以此作为基准点,可得到该地区其他年份的期望产量。其中第 x 年的期望产量 $y_h(x)$ 可以表示为:

$$y_h(x) = \sum_{i=1}^{n}\left(y_i \prod_{j=1, j\neq i}^{n} \frac{x - x_j}{x_i - x_j}\right) \tag{7.11}$$

式中,$\prod$ 的含义是连乘,$\prod\limits_{j=1,j\neq i}^{n}$ 表示乘积遍取 j 从 1 到 n 的全部数值,但要除去 $j=i$。

由该地区某年大豆实际产量和期望产量即可算出该年酸雨灾损率,如下:

$$y_z = 100 \times (y_h - y)/y_h \tag{7.12}$$

式中,y_z 为大豆因酸雨灾损率,y 为实际产量。当 $y_z>0$ 时,其数值大小表示灾损的大小;$y_z<0$ 时,则表示酸雨对大豆产量影响较小。

7.3.2 结果分析

7.3.2.1 酸雨发生频率

由图 7.5 可见,2007 年以来,淮北地区大豆生育期内酸雨发生频率空间分布特征明显,自西向东逐渐增加,赣榆、灌云最高,超过 50%,徐州最低为 17.1%。徐州、宿迁地区的酸雨发生频率明显要低于其他地区。从年际平均分布看,各站在大豆生育期内酸雨发生频率呈下降趋势(图略)。

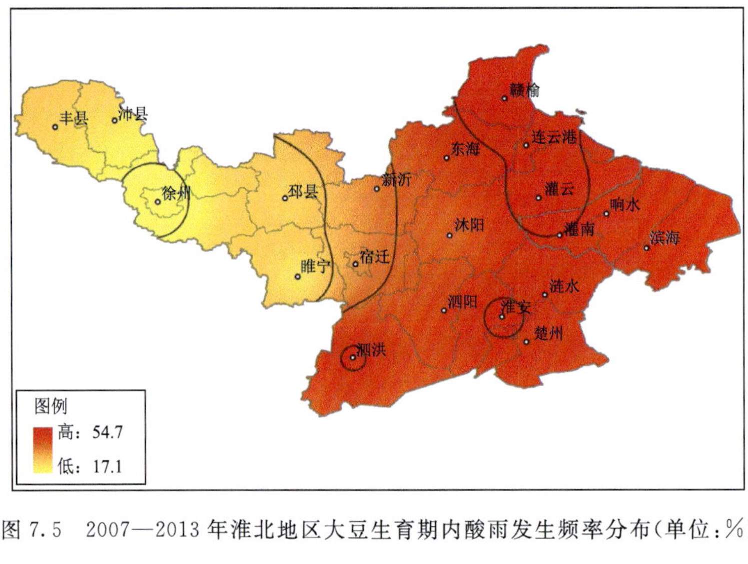

图 7.5 2007—2013 年淮北地区大豆生育期内酸雨发生频率分布(单位:%)

7.3.2.2　酸雨发生强度

淮北地区 2007—2013 年大豆生育期内降水平均 pH 变化显示，灌云、灌南、沭阳附近降水 pH 较低，小于 5.0；淮安附近平均降水 pH 较高，大于 5.6，平均降水酸度最弱；其他地区降水 pH 在 5.0～5.6（图 7.6）。进一步分析徐州、淮安 1992—2013 年生育期内降水 pH 发现，2000 年以后，降水 pH 有下降趋势，酸性增强，2009 年后又有所回升（图 7.7）。

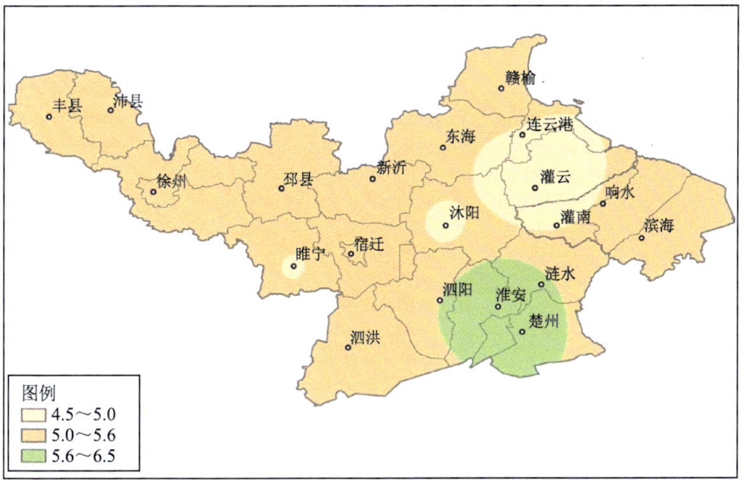

图 7.6　2007—2013 年淮北地区大豆生育期内降水 pH 分布

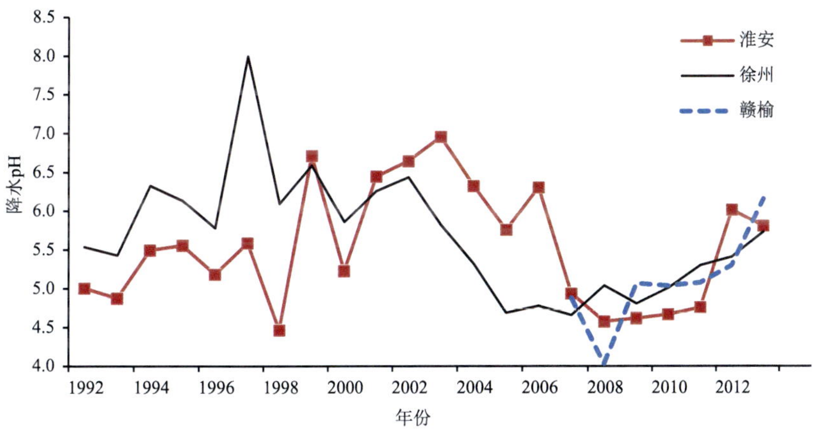

图 7.7　1992—2013 年徐州、淮安、赣榆大豆生育期内降水 pH 变化

7.3.2.3　大豆产量灾损率

将大豆实际产量和期望产量（无酸雨影响下）进行对比，可在一定程度上反映出酸雨对大豆产量的影响，实际产量曲线偏低于期望产量越多，说明酸雨的可能影响越大。计算灾损率发现，徐州和淮安因酸雨造成大豆的平均灾损率在 8%～20%，其中徐州为 17%，淮安为 8.8%。从图 7.8 中可看出，徐州的两条曲线波动幅度略大，尤其 2004—2009 年的灾损率高达 10%～50%，相应的大豆生育期降水平均 pH 多低于 5.0，说明酸雨影响较为明显。当然，以上分析是基于未出现极端气象灾害的前提下，除酸雨外，其他各类灾害处于平均水平，酸雨的影响才

会凸显，反之酸雨影响可忽略。如2003年徐州在大豆生育期内仅7月12—13日、8月30日出现酸雨，全生育期降水pH为5.82，降水酸性较弱，对作物影响甚微。但当年大豆等秋粮产量锐减，究其原因，则在于6月21日—7月22日淮河流域连续出现大范围暴雨，8月上旬至9月上旬又出现两次低温阴雨过程，连续雨涝对在田作物造成致命危害，直接导致减产。

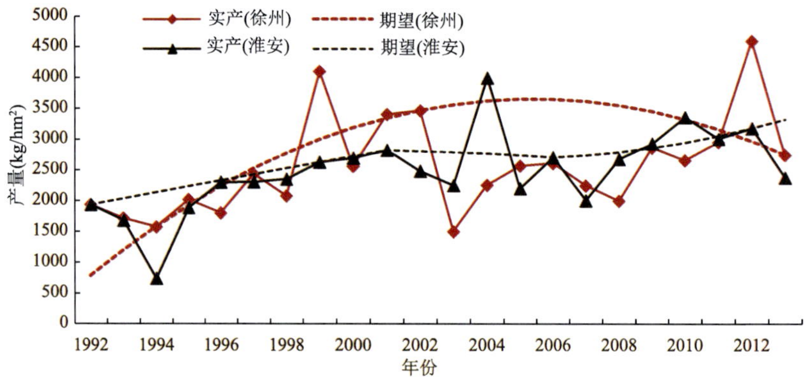

图7.8　徐州和淮安的酸雨对大豆产量的影响

7.3.2.4　生育期降水pH与灾损率

分析中发现，淮安在过去的21年中有6年未出现酸雨，样本相对较少，数据的稳定性较差，不适合进行统计分析，因此，选用徐州资料进行相关计算。表7.5中列出徐州大豆各生育期降水pH与灾损率的分析结果，仅出苗至三叶期的降水pH与灾损率相关系数较大，均未通过显著性检验。进一步挑选各生育期降水pH小于6.0（灾损率＞0）的样本，虽样本数减少，但相关性显著提高，播种至出苗期和开花至结荚期的关系最密切，结荚至鼓粒期次之，仅分枝至开花期和鼓粒至成熟期未通过显著性检验；通过绘制灾损率与降水pH的散点图（图7.9）发现，二者之间在三叶至分枝期、结荚至鼓粉期呈显著的非线性相关，灾损率随着降水pH的增加而呈曲线下降。这说明自然条件下，当大豆生长期间的降水pH小于5.6时，随着酸雨强度增加（pH下降），大豆产量也下降，反之，则对产量无负影响。

表7.5　徐州各生育降水pH与大豆灾损率相关系数

生育阶段	播种至出苗期	出苗至三叶期	三叶至分枝期	分枝至开花期	开花至结荚期	结荚至鼓粒期	鼓粒至成熟期	全生育期
线性(r)	0.057	−0.2417	−0.1624	−0.0311	−0.120	−0.074	−0.118	−0.051
样本数	21	21	21	21	21	21	21	21
非线性 $R^2_{pH<6.0}$	0.959*	0.522*	0.621*	0.596	0.990*	0.756*	0.318	0.407*
样本数	5	7	11	6	5	12	11	15

注：* 通过 $\alpha=0.05$ 的显著性检验。

7.3.2.5　灾损评估模型及应用

由于酸雨样本资料序列不足20年，属小样本序列。为提高样本可靠性和模型稳定性，选择可用样本较多的结荚—鼓粒期降水pH建立灾损评估模型，用以表征徐州地区的灾损趋势。

$$y_z=-336.459\ln x+561.139 \quad R^2=0.6358 \quad F=17.46>F_{0.01}=10.04 \tag{7.13}$$

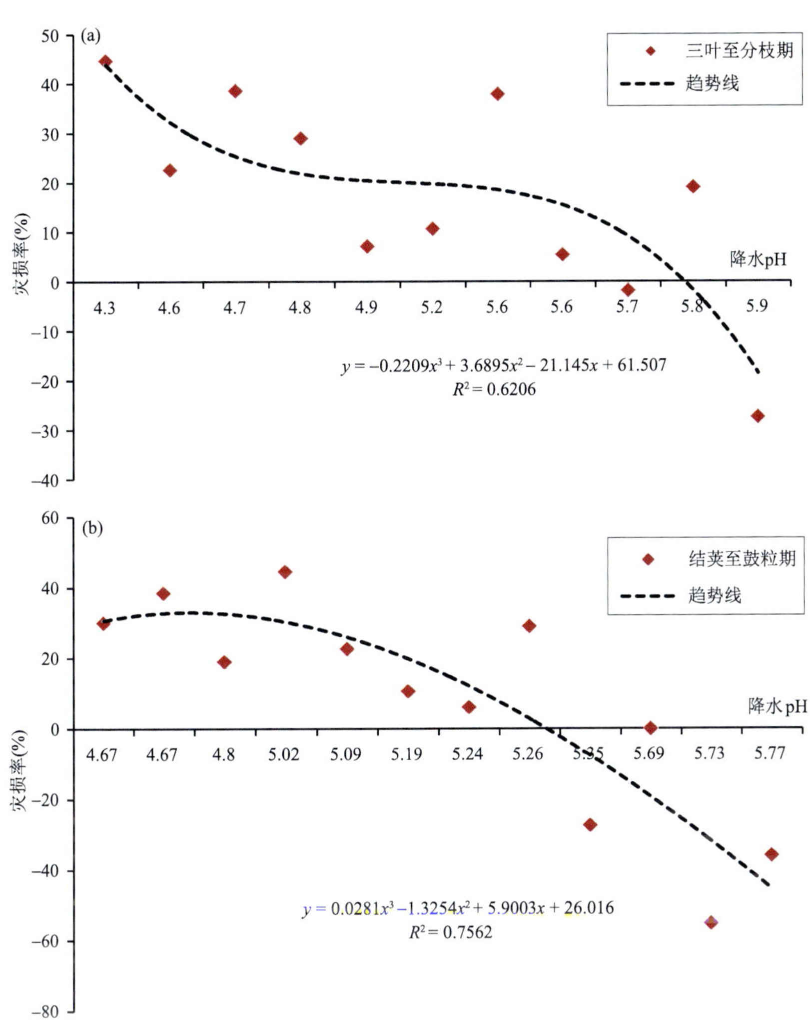

图7.9　徐州地区大豆生育阶段降水pH与灾损率趋势变化
(a为三叶至分枝期,b为结荚至鼓粒期)

式中,x为全生育期降水pH(pH<6.0)。以灌云和赣榆为例,分别计算2008—2009年的酸雨灾损率(表7.6),2009年赣榆大豆的鼓粒至结荚期降水pH为5.47,灾损率为−11.8%,较弱酸性降水对大豆产量影响甚微(灾损率<0,无影响);灌云同期的降水pH为3.85,灾损率为107.6%。两年之间增产幅度赣榆为288 kg,灌云为15 kg。由此说明,在气候资源相近的情况下,忽略农业生产水平和品种的差异,降水pH大小可能成为两地增产幅度差异的原因之一,基于降水pH构建的灾损模型具有一定适用性。

表7.6　2008—2009年灌云、赣榆降水pH、灾损率和产量

年份	赣榆			灌云			
	结荚至鼓粒期pH	灾损率(%)	产量(kg/hm²)	结荚至鼓粒期pH	灾损率(%)	产量(kg/hm²)	气象年型
2008	3.97	97.2	4690.4	4.33	68.1	2685.1	平产
2009	5.49	−11.8	4978.1	3.85	107.6	2700.0	丰产

7.3.3 结论与讨论

2007—2013年，淮北大部分地区大豆生育期内的平均酸雨发生频率多超过50%，徐州最低(17.1%)，降水平均pH除淮安外均小于5.6；年际间分布看，该阶段淮北地区酸雨发生频率均呈下降趋势，降水酸度也有所减弱。

徐州、淮安地区1992—2013年大豆受酸雨影响的平均灾损率在8%～20%；徐州地区大豆各生育期降水pH与产量灾损率呈非线性负相关，经检验，除分枝至开花期和鼓粒至成熟期外，均达到显著水平。趋势分析说明，当大豆某生育期降水pH小于5.6时，产量损失随降水pH的下降(酸性减弱)而增加，反之，则对产量无负影响。结荚至鼓粒期是大豆产量形成的重要时期，选择样本数较多、酸雨发生频率高的结荚至鼓粒期构建灾损模型，尽可能提高了模型的稳定性，代表性更强。

据监测数据显示，2013年以来我国酸雨污染形势虽然减弱，但部分地区仍将继续存在。就江苏大豆生产来说，必然存在着自然选择和各种调试过程，与其他突发气象灾害相比，酸雨及受其污染的土壤对大豆生长的影响是长期的。尝试以无酸雨年的产量为基准点确定期望产量，进而提取出酸雨灾损量的方法虽然可行，但并未完全剥离其他气象灾害的影响。另外，因其他站点样本序列过短，缺少严格意义上的无灾年，所以文中所构建的灾损函数仅适用于淮北地区，其稳定性、可靠性及推广性尚需进一步验证。

参考文献

曹春信,周琴,韩亮亮,2010.模拟酸雨对油菜花期生理特性和产量的影响[J].应用生态学报,21(8):2057-2062.

陈伯通,罗建中,冯爱坤,2006.广州地区酸雨状况及其影响因素探讨[J].环境污染与防治,28(2):112-115.

陈新,顾和平,张红梅,2011.江苏省大豆生产发展历史、现状与前景分析[J].江苏农业科学,39(1):6-9.

陈宗娇,2014.大连市局地源对酸雨形成的影响分析[J].农业与技术,34(3):158-161.

丁国安,徐晓斌,房秀梅,1997.中国酸雨现状及发展趋势[J].科学通报,42(2):170-173.

董蕙青,黄海洪,高安宁,2005.影响广西酸雨的大气环流特征分析[J].气象,31(10):51-55.

杜晓燕,黄岁樑,赵庆香,2009.基于信息扩散理论的天津旱涝灾害危险性评估[J].灾害学,24(1):22-26.

段春峰,缪启龙,马利,等.2012.长江三角洲地区气温变化的周末效应[J].长江流域资源与环境,21(4):482-488.

范元中,2005.江苏省雨污染十五年趋势分析[J].环境科学与技术(28):53-54.

高吉喜,舒俭民,张林波,1998. SO_2 和酸雨对大豆的单一及复合效应[J].应用与环境生物学报,4(2):132-135.

宫德吉,陈素华,1999.农业气象灾害损失评估方法及其在产量预报中的应用[J].应用气象学报,10(1):66-71.

韩敏,王体健,许瑞林,2003.江苏省大气污染和酸雨的现状及预测[J].污染防治技术,16(2):17-20.

贺晓蕾,曹杨,2005.2000—2004年徐州市区酸雨监测[J].江苏环境科技(18):92-93.

胡倬,1983.酸性降水过程的气象分析[J],环境科学与技术,6(1):51-54.

黄崇福,1992.非完备样本知识的优化处理[J].北京师范大学学报:自然科学版,28(2):129-135.

黄海洪,孙崇智,郑凤琴,等,2006.酸雨pH值分级短期预报方法研究初探[J].环境化学,25(3):373-374.

黄辉军,刘红年,蒋维楣,2007.南京市主城区大气颗粒物来源探讨[J].气象科学,27(2):162-169.

黄巧明,2009.2007年海南省酸雨状况及其受天气系统的影响分析[J].热带作物学报,30(2):238-243.

江苏省农学会,1995.江苏旱作科学[M].南京:江苏科学技术出版社.

李琼,李福娇,叶燕翔,1999.珠江三角洲地区天气类型与污染潜势及污染浓度的关系[J].热带气象学报,4(15):363-369.

梁骏,麦博儒,郑有飞,2008.模拟酸雨对油菜(*Brassica napus* L1)生长、产量及品质的影响[J].生态学报,28(1):274-283.

廖咏梅,王琼,2005.模拟酸雨对辣椒3种生长指标的影响[J].西华师范大学学报(自然科学版),26(2):200-202.

林晶,陈家金,王加义,2011.基于信息扩散理论的福建省农作物霜冻灾害风险评估[J].中国农业气象,32(增):188-191.

林长城,林祥明,邹燕,2005.福建福州气象条件与酸雨的关系研究[J].热带气象学报,21(3):330-336.

刘健,1998.江苏城市酸雨问题与对策研究[J].城市研究(3):46-48.

刘金祥,邝宴筹,肖生鸿,2005.模拟酸雨对种子繁殖香根草生理特性的影响[J].草业学报,14(5):54-58.

刘靖楠,2019.一次中尺度辐合线引起的短时强降水天气[J].科技资讯,17(3):95-97.

刘连贵,曹洪法,熊严军,1996.酸雨和 SO_2 复合污染对几种农作物的影响[J].环境科学,17(2):16-20.

刘梅,濮梅娟,尹东屏,2008.江苏省酸雨时空分布特征及酸雨潜势预报因子[J].气象科技,36(4):462-467.

刘奇俊,丁国安,汤洁,1993.云、雨水酸度和离子浓度与其微物理参数的关系[J].气象学报,51(2):195-202.
南庆红,杨舵,杨青,2003.应用EOF方法分析新疆降水变化特征[J].中国沙漠,23(5):554-559.
庞西磊,黄崇福,艾福利,2012.基于信息扩散理论的东北三省农业洪灾风险评估[J].中国农学通报,28(8):271-275.
丘福文,方文东,郭朴,2011.2000—2008年期间南海海面温度的年际与空间变异[J].海洋学报,33(3):11-17.
邱海军,曹明明,刘闻,2011.基于EOF的陕西省降水变化时空分异研究[J].水土保持通报,31(3):57-59.
商兆堂,2009.江苏降水pH值的特征分析[J].环境科学与技术,32(3):99-102.
石春娥,邱明燕,张爱民,2010.安徽省酸雨分布特征和发展趋势及其影响因子[J].环境科学,31(6):1675-1681.
宋晓东,江洪,余树全,2009.浙江省酸雨的空间分布格局及其未来变化趋势预测[J].环境污染与防治,31(1):13-16.
孙金月,赵玉田,刘方,2001.中国栽培大豆资源的耐酸雨性鉴定[J].大豆科学,20(4):245-248.
童贯和,2005.模拟酸雨致酸土壤对小麦幼苗生长发育的影响[J].农村生态环境,21(1):47-50.
童志坚,陈秉初,2003.模拟酸雨对水稻种子萌发及活力的影响[J].杭州师范学院学报(自然科学版),2(2):31-33.
汪雪泉,李罡风,2004.利用信息扩散模式对安徽及华东地区地震的风险分析[J].灾害学,19(3):30-35.
王健,刘布春,刘园,2013.基于农业灾情的东北粮食产量估算模型及灾损分析[J].中国农业气象,34(5):720-726.
王伟丽,吴洪颜,贺金芳,2015.基于信息扩散理论的江苏省酸雨风险评估[J].灾害学,30(1):92-95.
王文兴,张婉华,石泉,1993.影响我国降水酸性因素的研究[J].中国环境科学,13(6):401-407.
王文兴,刘红杰,张婉华,1997.我国东部沿海地区酸雨来源研究[J].中国环境科学,17(5):387-393.
吴丹,王式功,尚可政,2006.中国酸雨研究综述[J].干旱气象,24(2):71-77.
吴洪颜,濮梅娟,商兆堂,2008.江苏省2006年酸雨分布特征及其与气象条件的关系分析[J].气象科学,28(5):563-567.
吴洪颜,罗梦森,王伟丽,2013.江苏省酸性降水的时空分布特征[J].环境科学与技术,36(1):187-191.
吴洪颜,严文莲,蒋义芳,2020.2017年南京酸雨特征及连续发生的成因分析[J].气象科学,40(2):278-284.
吴艳飞,徐羽,徐刚,2016.安徽省粮食作物单产影响因子及气象灾害损失风险评估[J].中国农业大学学报,21(5):115-121.
刑廷铣,2002.酸雨对农业生产的影响及其对策[J].土壤与环境,11(1):98-100.
邢建伟,宋金明,袁华茂,2017.青岛近岸区域典型海陆人为交互作用下酸雨的化学特征[J].环境化学,36(2):296-308.
徐梅,郑勇,易笑园,2005.天津市酸雨及其成因初探[J].气象科技,35(6):792-796.
严重玲,李瑞智,钟章成,1995.模拟酸雨对绿豆、玉米生理生态特性的影响[J].应用生态学报,6(增刊):124-131.
杨金宽,姬兰柱,1989.酸雨地区马尾松害虫发生量的初步调查[J].生态学杂志,8(1):54-55.
杨乐苏,周光益,于彬,等,2005.广州市酸雨成分及其相关分析[J].生态科学,24(3):254-257.
于天仁,1988.中国土壤的酸度特点和酸化问题[J].土壤通报,19(2):49-51.
岳宏,2012.酸雨对大豆生长发育和产量品质的影响[D].合肥:安徽农业大学.
曾庆玲,黄晓华,周青,2005.酸雨对水稻、小麦和油菜种子萌发的影响[J].环境科学,26(1):181-184.
张国宏,郑有飞,谈建国,2007.上海市大气降尘污染的地面气象背景特征[J].南京气象学院学报,30(6):875-880.
张国正,吴洪颜,何小红,2016.酸雨对江苏淮北地区大豆产量影响的研究[J].大豆科学,35(2):251-256.
张丽娟,李文亮,张冬有,2009.基于信息扩散理论的气象灾害风险评估方法[J].地理科学,29(2):250-255.

张佩，王伟丽，吴洪颜，2013.酸性降水对油菜产量的影响评估[J].环境科学与技术，36(6L)：338-341.

张群，郁晶，喻义勇，2009. 南京市酸雨特征及变化趋势分析[J].环境科学与管理，34(12)：108-111.

张新民，柴发合，王淑兰，2010.中国酸雨研究现状[J].环境科学研究，23(5)：526-533.

张雪蓉，吴洪颜，2010.酸性降水对南京地区冬小麦生长的影响分析[J].江苏农业科学，38(6)：138-139.

张志刚，高庆先，韩雪琴，2004.中国华北区域城市间污染物输送研究[J].环境科学研究，17(1)：14-20.

赵艳霞，侯青，2008.1993—2006 年中国区域酸雨变化特征及成因分析[J].气象学报，66(6)：1032-1042.

郑凤琴，孙崇智，于文杰，2006.城市酸雨预报方法及业务系统[J].气象科技，34(6)：684-687.

郑美琴，卢振礼，2006.日照市区 PM_{10} 污染物特征及其与气象要素的关系[J].南京气象学院学报，29(3)：413-417.

郑秋萍，王宏，陈彬彬，2014.1992—2012 年福州市和厦门市酸雨变化特征及影响因素[J].环境科学，35(10)：3644-3651.

中国气象局，2005.酸雨观测业务规范[M].北京：气象出版社.

中华人民共和国国家质量监督检验检疫总局，中国国家标准化管理委员会，2016.环境空气质量标准[S].北京：中国标准出版社.

朱宇芳，杨文武，2004. 泰州市降水主要特征及酸雨成因浅析[J].环境监测管理与技术，16(2)：20-22.

邹德龙，罗栩羽，范绍佳，2012.不同天气系统影响下广东省酸雨特征对比分析——气象场数值模拟[J].中国环境科学，32(8)：1439-1446.

HUBER S C，HUBER J L，KAIDER W M，1994. Differential response of nitrate reductase and sucrose phosphate synthase activation to inorganic and organic salts，in vitro and in situ[J]. Plant Physiology(92)：302-310.

LOUGH G C，SCHAUER J J，LAWSON D R，2006. Day-of-week trends in carbonaceous aerosol composition in the urban atmosphere[J]. Atmospheric Environment，40(22)：4137-4149.

SUBAYDA C G，HANG A，1986. Organic acids reduce aluminum toxicity in maize root membranes[J]. Plant Physiology(68)：189-195.

TSAI Y I，HSIEH L Y，KUO S C，2011. Seasonal and rainfall-type variations in inorganic ions and dicarboxylic acids and acidity of wet deposition samples collected from subtropical East Asia[J]. Atmospheric Environment(45)：3535-3547.

ZHOU Q，HUANG X H，ZHAN G Y，2002. Effect of cerium on seed germination under acid rain[J]. Rare Earths，18(4)：298-300.